家政服务类专项职业能力培训教材

家庭餐制作

深圳市人力资源和社会保障局　组织编写

中国劳动社会保障出版社

图书在版编目（CIP）数据

家庭餐制作 / 深圳市人力资源和社会保障局组织编写. -- 北京：中国劳动社会保障出版社，2020

家政服务类专项职业能力培训教材

ISBN 978-7-5167-4496-3

Ⅰ. ①家… Ⅱ. ①深… Ⅲ. ①家常菜肴 – 菜谱 – 职业培训 – 教材 Ⅳ. ① TS972.127

中国版本图书馆 CIP 数据核字（2020）第 066776 号

中国劳动社会保障出版社出版发行

（北京市惠新东街 1 号 邮政编码：100029）

*

北京市白帆印务有限公司印刷装订 新华书店经销

787 毫米 × 1092 毫米 16 开本 15 印张 216 千字

2020 年 6 月第 1 版 2023 年 12 月第 2 次印刷

定价：45.00 元

营销中心电话：400-606-6496

出版社网址：http://www.class.com.cn

家政服务类专项职业能力培训教材

指导委员会

主　任：孙福金

副主任：高东春

委　员：唐征勋　蔡禹星　张智荣　凌远强　王　建

《家庭餐制作》编写委员会

主　编：郑伟乾

副主编：曹德斌　贾贵龙　孙志涛

参　编：陆党华　方金坤　张国燕　刘耀波　冯国坚
高勇光　谭　胜　张　国

前言

家政服务是朝阳产业，是爱心产业，在促就业、扩内需、惠民生等方面发挥重要作用。党中央、国务院高度重视家政服务业的发展。习近平总书记指出，家政服务大有可为，要坚持诚信为本，提高职业化水平。李克强总理也强调，家政服务业事关千家万户福祉，是一项一举多得的产业。2019 年，国务院办公厅印发了促进家政服务业提质扩容的意见，对家政服务高质量发展作出部署。广东省迅速行动，全面启动“南粤家政”工程，大力推进标准制定、技能培训、职业评价，加快推动家政行业职业化、标准化、专业化发展。

欲知平直，则必准绳；欲知方圆，则必规矩。为切实提高家政服务从业人员的技能水平，更好地满足新形势下“一老一小”对家政服务的品质需求，深圳市人力资源和社会保障局组织家政行业协会、家政企业和相关专家开展家政服务专项职业能力项目研发，对标国内外最高最好最优的先进经验，制定课程标准和评价规范，围绕母婴服务、居家服务、养老服务、医疗护理服务等领域，编写了系列培训教材。首批出版的是《母婴生活照护》《母乳喂养指导》《产后康复》《家庭餐制作》《家庭保洁》。

在培训教材编写过程中，深圳第二高级技工学校、深圳市家庭服务业发展协会、深圳市营养师协会、深圳市郑伟乾粤菜师傅技能大师工作室等单位给予了大力支持和协助，在此一并表示感谢！

由于时间仓促，该套培训教材难免存在疏漏之处，敬请各培训单位和广大读者批评指正。

家政服务类专项职业能力培训教材编写委员会

2020 年 5 月

目　录

第一章 职业素养及基础知识

第一节 职业道德规范

职业道德是指从事不同职业的人，在自己的职业活动中所应遵循的行为准则。道德与技术、技能不同，属于思想意识和行为规范，一名合格的家政服务从业人员，首先要具备基本道德修养，能够在工作中自觉遵守以下道德要求。

一、遵纪守法、爱岗敬业

遵纪守法是公民应尽的责任和义务，家政服务从业人员必须有法律意识，做到知法、守法、护法。在服务客户的过程中，尊重客户信仰，严格遵守职业服务范围，学会自我保护，避免发生不必要的法律纠纷。

爱岗敬业要求家政服务从业人员热爱自己的本职工作，恪尽职守，具有职业荣誉感和自豪感，能够以高度的劳动热情和创造性，强烈的事业心、责任感，做好家政服务工作。

二、文明礼貌、诚实守信

家政服务从业人员应提高个人修养，文明礼貌地对待客户，尊重客户隐私，自觉维护客户利益，不参与客户家的内部事务。此外，家政服务从业人员要守时、守信，尽量按照客户的要求积极、主动完成约定的服务工作，不过度推销服务，也不承诺做不到的事情。

三、勤奋好学、积极进取

家政服务从业人员应该始终保持谦虚好学、积极进取的状态，不断提高个人修养和服务品质，做到与时俱进。

四、尊老爱幼、勤俭节约

尊老爱幼、勤俭节约是中华民族的传统美德，家政服务从业人员要自觉做到尊敬长辈、爱护晚辈，勤俭节约，只有这样，才能得到客户的尊重。

五、尽职尽责、全心全意

家政服务从业人员应当尽自己最大的努力、全身心地投入为客户服务的工作岗位中，认真完成自己职责内的任务，对自己的工作负责。

第二节　安全与卫生常识

通过对安全常识的学习，掌握安全用电、用气的方法及防火、防盗、防止意外事故的知识与技能。家政服务从业人员应自觉提高安全与卫生意识，掌握安全与卫生常识，以健康、精神饱满的状态为客户服务，努力避免人身和家庭财产安全事故的发生。

一、居家安全常识

（一）家庭防火

1. 家庭火灾的常见起因

家庭火灾常见起因包括电器问题引发火灾，煤气、液化气、天然气引发火灾，意外情况引发火灾等。

2. 家庭火灾的防范

家政服务从业人员要注意用电安全，掌握正确的家用电器使用方法。如在使用电器过程中突然出现故障，应立即切断电源，同时通知客户，以便请专业人员修理。家政服务从业人员不要擅自修理电器。

3. 家庭火灾的处置与自救

（1）处置原则。家中一旦发生火情，千万不要慌乱，要沉着冷静。首先依据火情大小做出判断，如火势很小，要果断抓住最佳扑救时机，迅速利用家庭消防器材或水将火扑灭，扑救的同时要大声呼喊，请他人协助灭火。同时，及时切断电源和气源。如果火势很大，要立即拨打“119”火警电话。

（2）选择恰当的灭火方法。用水灭火是家庭灭火中最简便的方法，然而并非所有火情都适用此种方法，家政服务从业人员应根据实际情况采取不同的灭火方式。如炒菜时油锅起火可迅速盖上锅盖，将火压灭；如果是液化气罐阀门处起火，可用大块湿毛巾或湿棉被将火源压住，使其与空气隔绝，将火扑灭；如果是电器问题引发的火情，可以用干粉灭火器将火扑灭。

（3）灭火注意事项。发生火情后要掌握先报警、再救人、后救物的原则。

（4）火灾逃生。发生火险后，住平房和楼房低层的住户可通过门、窗撤离火场，住在较高楼层的居民应通过楼梯或消防通道迅速撤离，不可乘坐电梯。

（二）家庭防盗、防抢劫

1. 防范意识

家政服务从业人员入户后，作为生活在客户家庭中的一员，对客户家庭成员的安全负有一定的责任。因此，家政服务从业人员应养成良好的安全防范意识。

2. 防范措施

提高警惕、门窗关严关紧是防止意外发生的关键所在。如遇客人来访，不要盲目开门；服务期间，不要与陌生人乱拉关系，不要与服务地周边的陌生人随意攀谈，不要乱认同乡；更不可将客户家庭情况告知他人。此外，应建议客户妥善管理家中物品，尤其是贵重物品要妥善保管，分散摆放。

（三）家庭防意外

1. 突发疾病

服务期间如遇客户家中有人突发疾病，一定要沉着冷静。通常情况下，应首先想到送往医院救治，可以迅速拨打“120”急救电话。

2. 触电

如遇他人触电情况，应迅速切断电源，如关闭电源开关、拉闸、拔去电源插头等。然后用干燥的木棒、竹竿、塑料棒、皮带、绳子等不导电的物体拨开电线或拉开触电者，千万不能用手直接触碰触电者。在触电者脱离险情后，轻者可令其就近平卧休息 1~2 小时，同时注意观察其变化，如触电者无不适，可令其正常活动。对心跳、呼吸均已停止的触电者，必须在现场马上进行人工呼吸及胸外心脏按压，并送医院救治，途中仍要坚持进行人工呼吸及胸外心脏按压。

3. 烫伤

家庭中难免会有烫伤的情况发生，因此，在做好预防的基础上，了解烫伤后的紧急处理是很有必要的。

烫伤一般分为四度，即Ⅰ度烫伤、Ⅱ度烫伤（又分为浅Ⅱ度和深Ⅱ度）、Ⅲ度烫伤和Ⅳ度烫伤。Ⅰ度烫伤为表皮伤，烫伤部位皮肤发红、刺痛、干燥、没有水泡。浅Ⅱ度烫伤创面累及真皮浅层，深Ⅱ度烫伤创面累及真皮深层，两者均红肿、伴有疼痛、大小不等的水泡、渗出液。Ⅲ度烫伤累及皮肤全层，以及肌肉甚至骨质。Ⅳ度烫伤创面皮肤会变干硬、变白，甚至呈焦黑色，这时已感觉不到疼痛，创面干燥且没有水泡及渗出液，是非常严重的情况。发生Ⅲ度以上严重烫伤应尽快送医院救治；对Ⅰ度烫伤、Ⅱ度烫伤等轻度烫伤，家政服务从业人员可以视情况进行初处理。

（1）Ⅰ度烫伤处理措施：①用流动的冷水冲洗或浸泡烫伤部位 20 分钟左右，以缓解疼痛，减弱红肿程度，防止形成水泡。②经上述处理后，可在伤处涂上烫伤膏药。

（2）Ⅱ度烫伤处理措施：①应避免直接用冷水冲洗，以免加重伤势，可酌情将患部放入盛有 15 ～ 20 ℃冷水的盆中局部浸泡冷却 20 ～ 30 分钟，舒缓疼痛。注意不能强行脱掉衣服，防止二次伤害。②经初步处理后可在伤处涂上烫伤膏药。③严禁将水泡挑破。若水泡已破裂，或皮肤溃烂，伴有渗出液，此时应把水泡周围的渗出液用消毒棉签处理干净，再涂抹烫伤膏药，以防止感染，或酌情送医院做进一步处理。④如伤口疼痛剧烈，损伤处红肿且分泌物增多，说明已感染，此时应及时到医院治疗。

总之，发生烫伤后的紧急处理需要根据不同伤情分别做好妥善处理。烫伤面积大且情况危急，应立即拨打 120 急救电话，及时到医院治疗。

4. 房门反锁

遇此类情况，可以打电话通知客户想办法解决。如果此时家中有孩子或卧床病人，或是炉灶上正做着饭等，可以找街坊邻居帮忙，也可以拨打报警电话“110”，向民警求助。

（四）安全用电常识

1. 家政服务从业人员要掌握一般家用电器的使用方法。对没有见过和使用过的家用电器，应首先详细学习产品说明书，按照使用说明使用，或在客户的指导下使用。

2. 使用过程中如电器出现故障或异常情况，应立即切断电源，同时通知客户。家政服务从业人员不要自作主张自行解决，也不要让不懂的人修理电器或改造用电线路。

3. 严禁用湿手触摸电器开关，或插拔电源插头。禁止用带水的抹布擦拭家用电器开关和插座的表面，以免造成电线短路，引发火灾。

（五）安全用气常识

1. 使用灶具前应先进行安全检查。打开总开关后，应首先检查灶具、管线、阀门处有无漏气现象。检查时可以通过嗅觉来发现有无异味，也可靠听觉来感知是否有漏气的声音。

2. 灶具点火的正确方法。使用电子点火的灶具时，可直接按动旋转点火器点燃灶具。如用手工点火，应一手握住灶具开关，另一手持点火器具，将点火器具对准灶具的火眼，然后再按压旋转燃气开关放气。点火时要以火迎气，在灶具点燃后再放置炊具。

3. 家政服务从业人员在使用煤气灶时，不要长时间离开厨房，以免风大吹灭火焰或熬粥、煮面时汤汁从锅内溢出浇灭火焰，造成燃气大量泄漏；还应避免火焰将锅内物品烧干，从而引发火灾。

4. 家政服务从业人员如果发现厨房内有浓厚的燃气异味，切忌点火，也不要触碰任何电源开关，以免产生电火花。应先关闭燃气总阀门，然后开窗通风，使燃气尽快散去，待查明原因后再使用，以免发生危险。

二、出行安全常识

（一）交通标志

家政服务从业人员出行必须遵守交通规则，严守交通信号，服从交警指挥，确保交通安全。

1. 交通信号灯

交通信号灯通常设立在道路两侧，分为红色、黄色、绿色三种颜色。红灯亮，禁止行人和车辆通行；黄灯亮，各种车辆必须停在路口停止线或人行横道线以内，已经超过停止线的车辆，可以继续通行；绿灯亮，准许车辆和行人通行。

2. 人行横道线、过街天桥、地下通道

人行横道线是画在路面上的白色平行线（俗称“斑马线”），过街天桥和地下通道通常设立在交通繁忙的交通干线上。这些主要都是供行人过马路使用的。

（二）骑自行车、三轮车注意事项

1. 骑车时，要按照规定在非机动车道内骑行。在没有画车道的路面骑行时应靠马路右侧骑行。

2. 骑车时不要逆行，车速不要过快；转弯前应减速慢行，向后瞭望并伸手示意，不能突然猛拐。

3. 骑行时不准双手离车把，攀扶其他车辆或手中持物；不准扶身并行，互相追逐或曲折行驶。

（三）乘坐交通工具注意事项

1. 外出乘坐公交车时，应自觉遵守交通规则，遵守乘车管理规定，自觉维护乘车秩序。

2. 等候车辆时应在规定的位置按照先后次序排队上车。在乘坐地铁、城铁时必须站在黄色隔离线以外等候，以免发生危险。

3. 上车时，应等车辆停稳，待车上的乘客下车后，再按照排队顺序依次上车。上车后应主动向车厢内行走，不要拥堵在车门旁，妨碍他人上、下车。

4. 乘车途中不能将头和手伸出窗外，不要向窗外乱扔废弃物品。

5. 不携带危险品和有碍乘客安全的物品乘车。

6. 下车后，注意不要在车头、车尾处猛跑或突然穿越马路，以免发生危险。

三、人身安全和自我保护

1. 社会交往安全

交友本无可厚非，但是交友必须慎重：一不贪图金钱，二不轻信他人，三谈恋爱要慎重。外出要请假。

2. 谨防诈骗

诈骗是指用欺诈的手段，获得他人财物的犯罪行为。尽管诈骗分子在行骗的过程中往往配合默契、表演逼真、语言极具诱惑力，但只要人们对这类事情提高警惕，遇事保持清醒的头脑，不要幻想获得意外财富，不占小便宜，就能够避免上当受骗。

四、紧急呼救常识

1. 紧急呼救电话“110”。凡盗窃、抢劫、火灾、交通事故等紧急呼救，均可拨打“110”电话。使用“110”电话报警时，要注意语言简洁明了，应报告案发地点（区、街道、路名、门牌号码）、报案人姓名及简单案情。

2. 认识 AED（自动体外除颤器）标识。AED 被称为“救命神器”，可以抢救心脏骤停患者。一般人员密集的公共场所都配备 AED，并有醒目的标识。一旦发现心脏骤停患者，应在 4 分钟内迅速找到 AED，并正确使用，以挽救患者生命。

五、卫生安全常识

1. 个人卫生常识

家政服务从业人员应注意个人卫生，饭前便后必须洗手，不留长指甲，不涂抹指甲油，不宜留长发。

2. 环境卫生常识

家政服务从业人员应注意保护环境卫生，不随地吐痰，不乱扔果皮纸屑，按要求做好垃圾分类，爱护花草树木。

第三节　法律常识

一、公民的基本权利与义务

（一）我国宪法规定的公民的基本权利

1. 平等权

平等权是我国宪法赋予公民的一项基本权利，是公民享有其他一切权利的基础。平等权是指中华人民共和国公民在法律面前一律平等。国家尊重和保障人权。任何公民享有宪法和法律规定的权利，同时必须履行宪法和法律规定的义务。

2. 政治权利

政治权利是宪法中规定的公民参与国家政治生活的权利。依照宪法规定，中国年满18周岁的公民，不分民族、种族、性别、职业、家庭出身、宗教信仰、教育程度、财产状况、居住期限，除依照法律被剥夺政治权利的人以外，都有选举权和被选举权；公民对任何国家机关和国家工作人员有提出批评、建议的权利，对其违法、失职行为，有向有关国家机关提出申诉、控告或者检举的权利，但是不得捏造或者歪曲事实进行诬告陷害；公民有言论、出版、集会、结社、游行、示威的自由。

3. 宗教信仰自由

我国宪法规定，公民有宗教信仰自由。国家保护正常的宗教活动。任何人不得利用宗教进行破坏社会秩序、损害公民身体健康、妨碍国家教育制度的活动。宗教团体和宗教事务不受外国势力的支配。

4. 人身自由

（1）人身自由不受侵犯。任何公民，非经人民检察院批准或者决定或者人民法院决定，并由公安机关执行，不受逮捕。禁止非法拘禁和以其他方法非法剥夺或者限制公民的人身自由，禁止非法搜查公民的身体。

（2）人格尊严不受侵犯。禁止用任何方法对公民进行侮辱、诽谤和诬告陷害。

（3）住宅不受侵犯。禁止非法搜查或者非法侵入公民的住宅。

（4）通信自由。公民的通信自由和通信秘密受法律的保护。除因国家安全或者追查刑事犯罪的需要，由公安机关或者检察机关依照法律规定的程序对通信进行检查外，任何组织或者个人不得以任何理由侵犯公民的通信自由和通信秘密。

5. 社会经济方面的权利

（1）财产权。公民的合法的私有财产不受侵犯。国家依照法律规定保护公民的私有财产权和继承权。

（2）劳动权。劳动权是指有劳动能力的公民有获得工作和取得劳动报酬的权利。

（3）劳动者的休息权。休息权和劳动权是密切联系的。规定休息权是为了保护劳动者身体健康和提高劳动效率。

（4）获得物质帮助权。我国宪法规定，公民在年老、疾病或者丧失劳动能力的情况下，有从国家和社会获得物质帮助的权利。国家发展为公民享受这些权利所需要的社会保险、社会救济和医疗卫生事业。

（二）我国宪法规定的公民的基本义务

1. 公民有维护国家统一和全国各民族团结的义务。

2. 公民必须遵守宪法和法律，保守国家秘密，爱护公共财产，遵守劳动纪律，遵守公共秩序，尊重社会公德。

3. 公民有维护祖国的安全、荣誉和利益的义务，不得有危害祖国的安全、荣誉和利益的行为。

4. 保卫祖国、抵抗侵略是每一个公民的神圣职责。

5. 公民有依照法律纳税的义务。

除了上述所列义务外，我国宪法还规定，夫妻双方有实行计划生育的义务，父母有抚养教育未成年子女的义务，成年子女有赡养扶助父母的义务等；禁止破坏婚姻自由，禁止虐待老人、妇女和儿童。

二、劳动法常识

劳动法是调整劳动关系以及与劳动关系密切联系的其他社会关系的法律规范的总和。

（一）劳动法的适用对象

1. 在中国境内的企业、个体经济组织和与之形成劳动关系的劳动者适用劳动法。

2. 国家机关、事业组织、社会团体和与之建立劳动合同关系的劳动者，依照劳动法执行。

员工制家政服务公司的家政服务从业人员，按照公司的安排到客户家服务，客户和家政服务公司签订家政服务合同，不与家政服务从业人员直接发生合同关系。员工制下，家政服务从业人员与家政服务公司建立劳动合同关系，这种关系由我国劳动法律法规调整。

非员工制家政服务公司的家政服务从业人员，经公司介绍，与客户直接约定服务内容和服务报酬等事项，签订服务合同，家政服务公司向客户、家政服务从业人员收取中介费。非员工制下，家政服务从业人员与客户建立的服务合同关系由合同法等民事法律法规调整。

（二）劳动合同

1. 签订劳动合同需遵守的原则

（1）平等自愿、协商一致的原则。平等自愿是指在订立劳动合同的过程中，双方当事人的法律地位平等，不存在任何服从与命令的关系，完全依当事人自己的真实意愿订立合同的内容。

（2）合法原则。劳动合同必须依法订立，不得违反法律、行政法规的规定。

2. 劳动合同的主要条款

根据劳动法的规定，劳动合同必须具备以下条款：

（1）劳动合同期限。

（2）工作内容。

（3）劳动保护和劳动条件。

（4）劳动报酬。

（5）劳动纪律。

（6）劳动合同终止的条件。

（7）违反劳动合同的责任。

除这些必备条款外，当事人还可以协商约定其他内容。

3. 劳动合同的解除

劳动合同的解除是指劳动合同的当事人在劳动合同期限届满之前，依法提前终止劳动合同关系的法律行为。劳动合同的解除存在协商解除和用人单位或劳动者单方解除劳动合同的情况，我国劳动合同法对此都作了明确的规定。

4. 解除劳动合同的经济补偿

解除劳动合同的经济补偿通常由用人单位依据国家有关规定或劳动合同约定，直接支付给劳动者。经济补偿的目的一方面是从经济上制约用人单位解除劳动合同的行为，另一方面是对失去工作的劳动者给予经济上的安慰和补偿。

三、妇女权益保障法常识

（一）妇女的政治权利

国家保障妇女享有与男子平等的政治权利。妇女有权通过各种途径和形式，管理国家事务，管理经济和文化事业，管理社会事务。

（二）妇女的劳动和社会保障权益

国家保障妇女享有与男子平等的劳动权利和社会保障权利。各单位在录用女职工时，应当依法与其签订劳动（聘用）合同或者服务协议，劳动（聘用）合同或者服务协议中不得规定限制女职工结婚、生育的内容。实行男女同工同酬，妇女在享受福利待遇方面享有与男子平等的权利。

（三）妇女的财产权益

国家保障妇女享有与男子平等的财产权利。在婚姻、家庭共有财产关系中，不得侵害妇女依法享有的权益。

（四）妇女的人身权利

国家保障妇女享有与男子平等的人身权利。妇女的人身自由不受侵犯。禁止非法拘禁和以其他非法手段剥夺或者限制妇女的人身自由；禁止非法搜查妇女的身体；妇女的生命健康权不受侵犯，禁止用迷信、暴力等手段残害妇女；禁止拐卖、绑架妇女；禁止对妇女实施性骚扰，受害妇女有权向单位和有关机关投诉；禁止卖淫、嫖娼。妇女的名誉权、荣誉权、隐私权、肖像权等人格权受法律保护。

（五）妇女的婚姻家庭权益

国家保障妇女享有与男子平等的婚姻家庭权利。国家保护妇女的婚姻自主权。禁止干涉妇女的结婚、离婚自由。禁止对妇女实施家庭暴力。妇女对依照法律规定的夫妻共同财产享有与其配偶平等的占有、使用、收益和处分的权利，不受双方收入状况的影响。

（六）妇女权益受侵害时的应对

妇女权益保护法规定，妇女的合法权益受到侵害时，有权要求有关部门依法处理，或者依法向仲裁机构申请仲裁，或者向人民法院提起诉讼。妇女的合法权益受到侵害的，可以向妇女组织投诉，妇女组织应当维护被侵害妇女的合法权益，有权要求并协助有关部门或者单位查处。

四、民事诉讼法常识

民事诉讼是民事活动当事人在民事纠纷发生后，通过法院的公开、公正的裁判解决纠纷的活动。

（一）民事诉讼法的适用范围

人民法院受理公民之间、法人之间、其他组织之间以及他们相互之间因财产关系和人身关系提起的民事诉讼。

（二）管辖

管辖是指民事纠纷发生后，当事人应当向哪个地区的哪一级人民法院提起诉讼。这里涉及民事诉讼管辖中的级别管辖和地域管辖两个问题。

1. 级别管辖的规定

除法律规定由中级人民法院、高级人民法院和最高人民法院管辖的第一审案件外，其余的第一审民事案件由基层人民法院管辖。

2. 地域管辖的规定

我国的地域管辖一般实行“原告就被告”原则，即原告应当向被告的住所地人民法院提起诉讼。在此原则之上，法律还规定了例外情况，例如，如果被告住所地与经常居住地不一致的，由经常居住地人民法院管辖；如果案件涉及多个被告且被告住所地不一致的，多个被告住所地法院都有管辖权，原告可以选择其中一个法院起诉，选择了哪个法院，案件的管辖权就由哪个法院行使等。

（三）民事诉讼的程序

我国人民法院审理民事案件实行两审终审制，即一个案件最多经过两级人民法院的审判即宣告终结的制度。

《中华人民共和国民事诉讼法》第 119 条规定，起诉必须符合以下条件：

1. 原告是与本案有直接利害关系的公民、法人和其他组织。

2. 有明确的被告。

3. 有具体的诉讼请求和事实、理由。

4. 属于人民法院受理民事诉讼的范围和受诉人民法院管辖。

（四）执行

执行程序是民事诉讼的最后阶段，是指人民法院的执行组织依照法律规定的程序，运用国家强制力依法采取执行措施，强制义务人履行生效法律文书所确定义务。

发生法律效力的民事判决、裁定，当事人必须履行。一方拒绝履行的，对方当事人可以向人民法院申请执行，也可以由审判员移送执行员执行。调解书和其他应当由人民法院执行的法律文书，当事人必须履行。一方拒绝履行的，对方当事人可以向人民法院申请执行。申请执行的期间为两年。申请执行时效的中止、中断，适用法律有关诉讼时效中止、中断的规定。

五、治安管理处罚法常识

《中华人民共和国治安管理处罚法》（以下简称《治安管理处罚法》）是为维护社会治安秩序，保障公共安全，保护公民、法人和其他组织的合法权益，规范和保障公安机关及其人民警察依法履行治安管理职责而制定的法律。

（一）治安管理处罚的种类

治安管理处罚的种类分为警告、罚款、行政拘留、吊销公安机关发放的许可证。

（二）违反治安管理的行为和处罚

《治安管理处罚法》规定了，扰乱公共秩序，妨害公共安全，侵犯人身权利、财产权利，妨害社会管理，具有社会危害性，尚不构成刑事处罚的，由公安机关依照《治安管理处罚法》给予治安管理处罚。

1. 扰乱公共秩序的行为

扰乱公共秩序的行为包括扰乱机关、团体、企业、事业单位的秩序，致使正常工作不能进行；扰乱车站、码头等公共场所的秩序；扰乱公共汽车、火车等公共交通工具上的秩序；违反国家规定侵入计算机信息系统，造成危害；传播计算机病毒等破坏性程序影响计算机信息系统正常运行等行为。

2. 妨害公共安全的行为

妨害公共安全的行为包括非法携带枪支弹药或管制道具的；违法生产、销售、储存危险物品等行为。

3. 侵犯人身权利、财产权利的行为

侵犯人身权利的行为包括殴打他人，非法限制他人人身自由，侮辱、诽谤他人，虐待家庭成员等行为。侵犯财产权利的行为包括盗窃、诈骗、抢夺、哄抢他人财物，敲诈勒索，故意损坏公私财物等行为。

4. 妨害社会管理的行为

妨害社会管理的行为包括明知是赃物而窝赃、买赃，吸食、注射毒品，倒卖票证，阻碍国家机关工作人员依法执行职务，冒充国家机关工作人员招摇撞骗，尚不够刑事处罚的行为等。

对于上述四大类违反治安管理的行为，《治安管理处罚法》在作出了详细分类的同时，也规定了全面具体的处罚方法，根据具体的行为来确定行为人应当承受的治安处罚。

（三）执法监督

《治安管理处罚法》规定，公安机关及其人民警察应当依法、公正、严格、高效办理治安案件，文明执法，不得徇私舞弊。人民警察办理治安案件，有下列行为之一的，依法给予行政处分；构成犯罪的，依法追究刑事责任：

1. 刑讯逼供、体罚、虐待、侮辱他人的。

2. 超过询问查证的时间限制人身自由的。

3. 不执行罚款决定与罚款收缴分离制度或者不按规定将罚没的财物上缴国库或者依法处理的。

4. 私分、侵占、挪用、故意损毁收缴、扣押的财物的。

5. 违反规定使用或者不及时返还被侵害人财物的。

6. 违反规定不及时退还保证金的。

7. 利用职务上的便利收受他人财物或者谋取其他利益的。

8. 当场收缴罚款不出具罚款收据或者不如实填写罚款数额的。

9. 接到要求制止违反治安管理行为的报警后，不及时出警的。

10. 在查处违反治安管理活动时，为违法犯罪行为人通风报信的。

11. 有徇私舞弊、滥用职权，不依法履行法定职责的其他情形的。

第二章

中国菜及烹调方法

第一节　中式烹调的演变与特色

烹饪就是将各种可食用的原材料运用不同加工方法，通过烹制使其变成美食的一种技能。当人类结束了“茹毛饮血”的原始生活以后，学会了制作熟食，即逐步学会了烹饪。这种技术是伴随着人类文明进步而发展演变的，原始人学会用火、取火后，将食物由生变熟，促进了人类自身的进化，“从而最终把人类同动物界分开”。人类在进化过程中通过不断地实践、认识、再实践、再认识的过程创造并不断完善，使烹饪不仅改善了天然食品的不足，也增强了人类机体对生存环境的适应能力，丰富了人类的物质生活。

中国烹饪的起源较早，距今数十万年左右，生活在北京周口店一带的“北京猿人”就已学会了用火熟食，“炮生为熟”“燔而食之”，这就是最古老的烹饪了。据考古学家发现，在距今四五千年新石器时代的龙山文化遗址中，就有大量的盆、盘、碗、罐、鼎等食具和炊具，说明当时的烹饪技术已达到一定的成熟程度。商、周时已发明酱油、醋、酒，并能生产出多种调味酱，证明当时烹饪已开始复杂起来。汉、唐以来，我国的烹饪技艺不断进步，日益精湛，并流传到许多国家。随着烹饪技术的不断发展，各种记录、总结烹饪经验和技术的著述也相继问世。如西晋何曾的《安平公食学》、南北朝时期虞棕的《食珍录》、隋代谢枫的《食经》、唐代韦巨源的《食谱》，这些饮食专著记述着多种食物的烹饪方法。明清时期，烹饪技术已接近现代水平。如清代袁枚的《随园食单》中记载的“炸八块”“酥鱼”“八宝鸭”等，其制作方法都与现代接近。尤其清朝时的烹饪技术更为发达，“满汉全席”就是这个时期的代表作，它集名菜佳肴之大成，是我国烹饪艺术的精华，充分反映了我国烹饪的悠久历史和繁荣程度。

【萌芽时期】“茹毛饮血”“食肉寝皮”是人类原始生活的写照，这时的烹饪技术还没有诞生。到了新石器时代，随着人类社会的进步，劳动技能的发展，人们逐步学会用火制作熟食，开始了简单的烹饪。

【殷周时期】中国奴隶社会时期的烹饪。这一时期我国社会已进入青铜器时期，发明了传热较快且锋利的金属鼎、刀、铲、匙等炊用具及食器、酒器；种植出品种较齐全的小麦、大麦、小米、大米、黍等粮食以及蔬菜；学会了驯养家畜、家禽；会用曲蘖酿酒；已知道用盐和梅供烹饪调味；除烧、烤、煮、蒸之外，还学会了氽、炸、煎、炒等烹饪技术。

【春秋时期】春秋战国时期是我国封建社会的形成期。随着农业、手工业的发展，特别是炼铁技术的发明和发展，对烹饪技术又有很大的促进作用。一是调味料种增多；二是铁器的制造，为烹饪提供了简单适用的炊具；三是总结了一定的烹饪理论，注意火候的掌握和应用，并出现了像齐国人易牙等一代名厨；四是烹饪技术日趋熟练并增多，出现了许多美味佳肴和风味食品；五是有了繁荣的饮食市场和食品市场。

【汉晋时期】两汉、魏晋和南北朝时期的烹饪概况。我国进入封建社会以后，农、渔、牧和食品加工业有了很大发展，表现在饮食烹饪方面有 5 个特点。一是果蔬大面积栽培，牛、羊、猪已成群放牧和饲养，鱼在鱼塘中大面积养殖，酒、荆、酱、曲、豉、鱼干、咸肉产量很大，为烹饪提供了充足的原料、辅料。二是随着国内外贸易和文化的交流，输入了西域等地的胡瓜、胡麻、胡豆、胡桃、胡葱、胡椒等多种果蔬、油料、调味料，给烹饪提供了新的原料。三是随着宗教的传入和兴起，祭祀、宴会空前增多，佛食茹素兴盛，直接和间接地影响与改变着人们的生活习惯，如腊月二十三祭灶君，吃糖果、糕饼。四是饮食炊具、器皿更完备讲究，烹饪技法娴熟多样。五是出现了一些烹饪书籍和食品著述，使烹饪理论和技术得以传播。

【明清时期】明清两朝的烹饪已接近现代，这一时期的烹饪技术更为全面和发达。其特点是：选料更为严格，加工更为精细，烹饪方法更加广泛和娴熟，佳肴美味更为丰盛，并且出现了许多饮食专著，所谓“满汉全席”就是这一时期的代表作。

【近代烹调】近代烹饪的特点：一是由于国外一些食品、调味料的生产技术被引进，民族食品工业逐步兴起；二是名噪一时的“满汉全席”已不为时尚，代之而起的有燕翅席、海鲜席等；三是西餐传入，一些大的酒家、饭店开始经营西餐，一些传统菜肴的烹饪吸取外来技术，使中西结合更为壮观。

一、中国菜系

中国菜历史悠久，长期以来，由于受地理环境、气候物产、文化传统以及民族习俗等因素的影响，形成有一定亲缘承袭关系、菜点风味相近、知名度较高，并为部分群众喜爱的地方风味和著名流派，这便称作菜系。其中，鲁菜、川菜、粤菜、淮扬菜，成为当时最有影响的地方菜，被称作“四大菜系”。后来又逐步形成了川菜、鲁菜、粤菜、闽菜、淮扬菜、浙菜、湘菜、徽菜，合称“八大菜系”。

（一）鲁菜

山东省位于华北平原东部、黄河下游，其半岛部分突出于渤海与黄海之间。山东省的烹饪原料丰富，海产品有刺参、鲍鱼、海螺、乌鱼蛋、对虾、黄花鱼、西施舌、扇贝、海蜇等。畜禽原料有鲁西南肉牛、菏泽青山羊、寿光鸡、微山湖的麻鸭等。

鲁菜可分为济南风味菜、胶东风味菜、孔府菜和其他地区风味菜，并以济南菜为典型，烹饪方法有煎炒烹炸、烧烩蒸扒、煮汆熏拌、熘炝酱腌等。济南菜历史久远、选料讲究、加工精细，素以烹制河鲜以及干鲜珍品见长，其宴席具有中国传统的宴席规格和特色。济南菜以济南为中心，流行于德州、泰安一带，其烹调方法擅长爆、烧、炒、炸，菜肴以清、鲜、脆、嫩著称。

（二）川菜

四川省和重庆市位于我国西南的长江上游，地形为高原、盆地、山地，主要河流为长江及其支流，气候受地形影响差异较大，西南部属于亚热带湿润季风气候。四川、重庆的食物原料丰富而有特色，盛产“三椒”（辣椒、花椒、胡椒），为其基本风味的形成奠定了重要的物质基础。四川享有“食在中国，味在四川”的美誉和“一菜一味，百味百菜”之称。

川菜在烹调方法上，以擅烹饪肉菜、禽蛋菜、水产品菜见长。红味讲究麻、辣、鲜香；白味口味多变，包含甜、卤香、怪味等。在菜品形态上是古朴与精巧并重，新品菜艺术性较强，最能表现其用火特色的是小炒、干烧、小煎、干煸等技法。

川菜代表菜有鱼香肉丝、棒棒鸡、宫保鸡丁、粉蒸牛肉、麻婆豆腐、回锅肉、干煸牛肉丝、夫妻肺片、灯影牛肉、担担面、赖汤圆、龙抄手等。

（三）粤菜

广东菜简称粤菜，由广州菜（也称广府菜）、潮州菜（也称潮汕菜）、东江菜（也称客家菜）三种地方风味组成。

在国际上，粤菜与法国大餐齐名，世界各国的中菜馆多数是以粤菜为主。因此，有不少人认为粤菜是海外中国的代表菜系。粤菜的特点是丰富精细的选材和清淡的口味。广州菜的范围包括顺德、肇庆、韶关、湛江等地；用料丰富、选料精细、技艺精良、刀工精细、清而不淡、鲜而不俗、嫩而不生、油而不腻是广州菜主要特点；擅长小炒，要求火候和油温恰到好处。广州菜还兼容了许多西餐的做法，讲究菜的气势、档次。潮州菜发源于潮汕地区，汇闽、粤两家之长，自成一派，以烹制海鲜见长，汤类、素菜、甜菜最具特色。东江菜起源于广东东江一带的客家人聚居地区，菜品多用肉类，极少水产，主料突出，讲究香浓、下油重、味偏咸，以砂锅菜见长，有独特的乡土风味。

粤菜代表菜有白切鸡、烧鹅、烤乳猪、红烧乳鸽、蜜汁叉烧、上汤焗龙虾、清蒸石斑鱼、鲍汁扣辽参、白灼虾、椰汁冰糖燕窝、麒麟鲈鱼、龙虾烩鲍鱼、干炒牛河、老火靓汤、广州文昌鸡、煲仔饭、广式烧填鸭、豉汁蒸排骨、菠萝咕噜肉、香煎芙蓉蛋、太爷鸡、潮州卤水拼盘、蚝仔烙、芙蓉虾、沙茶牛肉、客家酿豆腐、梅菜扣肉、盐焗鸡、盆菜等。

（四）淮扬菜

淮扬菜是江苏菜的重要组成部分，是中国菜的杰出代表。江苏省位于我国东南部，东临黄海，中贯运河，长江贯穿腹地，气候温和，是举世闻名的“鱼米之乡”。江苏菜由淮扬菜、金陵菜、苏锡菜、徐海菜四个地方风味菜构成，影响遍及长江中下游广大地区，在国内外享有盛誉。江苏菜菜品精美，烹饪文化历史悠久。

淮扬菜以扬州、镇江、南通、盐城菜为代表。淮扬菜选料讲究、制作精细、讲究刀工、突出主料、力求鲜活、一物一味、注重火候、精于调汤。烹调方法以炖、焖、煨、焐见长，口味保持原汁原味，擅长制汤，清澈见底，浓则乳白，咸甜适中，其菜品鲜嫩、酥软、清新味美。淮扬菜的代表菜有大煮干丝、扬州狮子头、水晶虾仁等。

除四大菜系外，中国菜肴还有许多风味流派，各具浓厚的地方特色。少数民族在长期历史发展中，也形成了各自的饮食文化，曾出现了不少著名的菜肴风味流派，主要有清真菜、蒙古族菜、满族菜、朝鲜族菜等。

二、中国菜的特点

（一）食材选取风味多样

由于中国幅员辽阔，地大物博，各地气候、物产、风俗习惯都存在着差异，长期以来，在饮食上也就形成了许多风味。中国一直就有“南米北面”的说法，口味上有“南甜、北咸、东辣、西酸”之分，主要是巴蜀、齐鲁、淮扬、粤闽四大风味。

四季有别，按季节而食是中国烹饪又一大特征。自古以来，中国一直按季节变化来调味、配菜，冬天味醇浓厚，夏天清淡凉爽；冬天多炖、焖、煨，夏天多凉拌、冷冻。

（二）色、香、味、形、养相得益彰

中国的烹饪不仅技术精湛，而且有讲究菜肴美感的传统，注意食物的色、香、味、形、器的协调一致。对菜肴美感的表现是多方面的，无论是红萝卜还是白菜心，都可以雕出各种造型，独树一帜，达到色、香、味、形、器的

和谐统一，给人以精神和物质高度统一的特殊享受。

色：指菜肴的颜色，是原料本色与作料颜色的有机搭配，包括主料与辅料色泽的配合、料与汁色泽的配合以及装饰料色泽的配合。有时还用一些青菜、番茄、洋葱等作为衬托，以求达到较佳的视觉效果。

香：指的是菜肴的香气，包括能嗅到的合乎标准的肉香、鱼香、菜香、果香等香气。

味：指的是菜肴的味道口感，是菜肴的灵魂，是指菜肴特有的，能尝到的咸、甜、酸等滋味。它是菜肴的主料与调味料以及不同烹饪方法的有机结合。

形：包括菜肴中的主料、辅料成熟的形状，以及菜肴盛装在容器中的形象。形其实是从色中慢慢分离出来的，主要就是讲究成菜的形状以及装饰。

中国菜肴的名称可以说是出神入化、雅俗共赏。菜肴名称既有根据主、辅、作料及烹调方法的写实命名，也有根据历史掌故、神话传说、名人食趣、菜肴形象的命名，如全家福、将军过桥、狮子头、叫花鸡、龙凤呈祥、鸿门宴、东坡肉等。

养：指的是食医结合。中国的烹饪技术与医疗保健有密切的联系，在几千年前就有“医食同源”和“药膳同功”的说法，利用食物原料的药用价值，做成各种美味佳肴，达到对某些疾病防治的目的。药补不如食补，食能养人就是这个道理，其讲究的就是充分体现食物的营养价值。

（三）饮食文化

民以食为天，饮食文化是人类古老、灿烂文化的重要组成部分。中国是文明古国，也是悠久饮食文化的发祥地。中国饮食文化绵延不断，历代都有所发明、创新，同时兼收并蓄国外的饮食文化，形成了丰富多彩、独具特色的民族风格。以中国为代表的东方饮食文化和以欧美为代表的西方饮食文化并存且相互影响、取长补短、相互促进，是当今人类饮食文化发展的主流。

中国菜具有历史悠久、技术精湛、选材丰富、流派众多，并强调色、香、味俱佳，风格独特的特点，是中国烹饪数千年发展的结晶，在世界上享有盛誉。有一句俗语形容中国饮食：山中走兽云中燕，陆地牛羊海底鲜。

第二节　烹调的作用和意义

烹调是通过加热和调制，将加工、切配好的烹饪原料熟制成菜肴的操作过程。其包含两个主要内容：一个是烹，另一个是调。“烹”就是加热、烧煮食物，通过加热的方法将烹饪原料制成菜肴；“调”就是调味，即调和滋味，通过调制使菜肴滋味可口、色泽诱人、形态美观。烹调是制作菜肴的术语，它是把加工整理的烹调原料，用加热和加入调味料的综合方法制成菜肴的一项专门技术。烹调对菜肴的色、香、味、形起着决定性作用。

烹调最常用的方法有炸、煮、炒、煎、煨、炖及烤等。调味料种类繁多，由于各地饮食习惯不同，其所用的调味料也不一样。人们习惯用的调味料有葱、蒜、姜、酒、糖、油、盐、酱油、醋、淀粉、八角、花椒、胡椒等。

一、烹的作用

（一）使食物得以杀菌消毒，以利人体健康。一般食物原料无论如何新鲜，都多少带有病菌和寄生虫之类的致病因素。它们一般都怕高温，在加热食物时温度一般都在 80 ℃以上，所以烹是杀菌消毒的有效措施。

（二）使食物养料分解，便于人体消化吸收。食物在加热的过程中，会发生复杂的物理变化和化学变化，使其组织能够被分解，成为人体有效的营养素，从而便于人体吸收。如蛋白质被加热后，一部分凝固了，另一部分则溶解到汤里，形成胶原蛋白；脂肪加热后可以水解成脂肪酸和甘油；淀粉加热可以水解成糊精、糖等，便于食物在人体内消化吸收。

（三）使食物中的香味透出，变得芳香可口。食物中一般都含有醇、脂、酚等有机物，它们在受热气化时，会随原料组织的分解而使香味游离出来，同时发生化学变化，让食物变得芳香四溢，诱人食欲。

（四）使食物原料中的单一滋味混合成复合的美味。烹同时能改变食物的原有色泽和外观，使菜肴的色泽和形态达到完美的地步。

二、调的作用

（一）除掉异味，去腥解腻。如羊肉、牛肉、水产品原料往往有较重的膻腥气味，只有通过加入各种适当的调味料才能消除。

（二）对味重的原料可减味，味淡的原料可增味，使之浓淡适宜。

（三）确定口味。根据需要，加入适当的调味料会形成不同的风味。

（四）增加菜肴的色彩，使其色泽调和。如酱油能使菜肴呈金黄色或酱红色，咖喱粉能使菜肴呈淡黄色，番茄酱能使菜肴呈鲜红色，红腐乳汁能使菜肴呈玫瑰红色。通过调味，能使菜肴色彩丰富，鲜艳美观，促进食欲。

第三节　粥、粉、面、饭的烹调

一、粥类的烹调

（一）粥的介绍

粥的主要原料是粮食，熬绵的粥口感好，容易消化，老少咸宜。粥含有多种营养物质，被古人誉为“神仙粥”和“天下第一补人之物”，并有“春粥养颜，夏粥清火，秋粥滋补，冬粥暖胃”之说，可见，粥是一年四季都适宜的营养食物。粥的品种繁多，可以添加各种具有营养价值或对疾病有疗效的配料一起熬煮，如莲子、扁豆、红枣、薏米、百合、核桃等，或辅以火腿、牛肉、羊肉、鱼肉、鸡肉等。东北的玉米粥，北京的豌豆粥，云南的紫米薏米粥，苏州的乌酥豆糖粥，福州的八宝粥，广东的鱼片粥、皮蛋瘦肉粥、艇仔粥……这些粥不仅营养丰富，口味鲜美，而且具有滋补养生的功效。

（二）粥的烹调技巧

1. 加水有讲究

煮粥时可以根据自己的喜好对水量进行调整。如果喜欢稠粥，可以选择米与水的比例为1:8，喜欢稀粥则选择米与水的比例为1:13。熬粥的水要一次加足，中途加水会影响口感和味道。

2. 食材要先浸泡

将食材提前浸泡可以让其吸足水分，使熬出来的粥更加软糯浓稠。对于不易煮熟的食材，如芡实、黑豆、红豆等，提前浸泡有利于减少熬煮时间。

3. 注意火候

小火慢炖。先大火煮开，然后小火慢炖，食材经过充分熬煮之后，会释放出其中的营养成分和香味，熬出来的粥会又浓又香。

4. 勤搅拌

熬粥时要勤搅拌，一是为了防止食材沉底糊锅；二是经过充分的搅拌，粥会更浓稠。

二、粉类的烹调

米粉和米线是以大米为原料，经浸泡、蒸煮和压条等工序制成条状或丝状的米制品。米粉质地柔韧，富有弹性，水煮不糊汤，干炒不易断，配以各种菜码或汤料进行干炒或汤煮，爽滑入味。因为米粉和米线本身就是熟的，所以通常只需要在滚开的沸水中快速烫煮两三分钟即可。若烫煮太久则米粉易断，还会失去其劲道的口感。

三、面条的烹调

（一）面条的介绍

面条起源于中国，是一种非常古老的食物，其制作简单、食用方便、营养丰富且种类繁多。如山西的刀削面、北京的炸酱面、兰州的拉面、东北的冷面、陕西的油泼面、河北的捞面、河南的烩面、上海的阳春面、广东的云吞面、四川的担担面、重庆的小面等。

传统面条以人工巧制，和粉、打面、拉面或切面，全用人工。不过南方和北方的面有所不同，各具特色。南方以鸡蛋面为主，面身细，面质爽口弹牙。北方的面则以小麦磨成的粉制作，多不用蛋，而用之以碱水，加入碱水能令面条变得易消化，跟南方的面条相比，北方的面条较粗，面质软滑柔韧。

（二）面条的烹调技巧

1. 煮面条时如果方法不得当，面条就会糊烂。若在水中加少许盐，一般每 500 毫升水加 15 克盐，这样煮出来的面条就不易糊烂。煮挂面时，不要等水完全开了再下面，否则易出现外熟里生、断条发黏的现象，最好是在锅中的水刚冒气泡时下面，搅动几下，盖上锅盖，等到水开时，向锅里点些凉水，再稍煮片刻即可出锅，这样煮出来的面不仅熟得快，而且不易粘锅。

2. 加食用油煮面条防粘连。煮面条时如果稍不注意，面条就会粘在一起，影响成品的口感。可在开水锅内放一小汤匙食用油，这样面条就不易粘连，而且面汤锅里的泡沫也不容易外溢。

四、米饭的烹调

（一）米饭的介绍

米饭是人们日常生活中最常见也是最受欢迎的主食之一。大米性平、味甘，有补中益气、健脾养胃、和五脏、通血脉、聪耳明目、止渴止泻的功效。

（二）米饭的烹调技巧

1. 洗米一定不要超过 3 次，否则米里的营养就会大量流失，这样蒸出来的米饭香味也会减少。

2. 蒸饭前，先把米放在冷水里浸泡 1 小时，这样可以让米粒充分吸收水分，使蒸出的米饭颗粒饱满。

3. 蒸米饭时，米与水的比例应为 1∶1.2。

4. 在大米中加少量的盐和动物油会使米饭又松又软。

5. 往水里滴几滴醋，煮出来的米饭会更加洁白、清香。

6. 如果米饭夹生了，可在饭锅里倒一点儿米酒，再煮一会儿即可。

7. 将剩饭重新蒸煮时，可在饭锅水里放一点儿食盐，吃时口感就会像新的一样。

第四节　常用烹调方法

一、烹调法——煲

（一）煲的定义

将食物放入大量的清水，置于炉火上用慢火炆熟并得出汤水的烹调方法。煲汤往往选择富含蛋白质的动物原料，最好用牛、羊、猪、鸡、鸭的骨头等。

（二）煲的烹调技巧

“煲”就是用文火煮食物，即慢慢地熬。煲汤需要的时间很长，若没有耐心是很难煲出好汤的。其做法是：先把原料洗净，入锅后一次加足冷水，用旺火煮沸，再改用小火，持续 20 分钟，撇沫，加姜和料酒等调味料，待水沸后用中火保持沸腾 3~4 小时，使原料里的蛋白质更多地溶解。浓汤呈乳白色，冷却后若能凝固就可视为汤煲好了。煲汤有一个秘诀，就是“三煲四炖”，即煲一般需要 3 个小时左右，炖则需要 4 个小时左右。

（三）煲的操作要点

1. 忌中途添加冷水。因为正在加热的肉类遇冷会收缩，使蛋白质不易溶解，从而导致汤失去了原有的鲜香味。

2. 忌早放盐，因为早放盐能使肉中的蛋白质凝固，使其不易溶解，从而造成汤色发暗、浓度不够、外观不美。

3. 忌过多地放入葱、姜、料酒等调味料，以免影响原料本身的原汁原味。

4. 忌过早、过多地放入酱油，以免汤味变酸，颜色变暗、发黑。

5. 忌让汤汁大滚大沸，以免肉中的蛋白质分子激烈运动而使汤混浊。

二、烹调法——炖

（一）炖的概述

炖是一种健康的烹调方式，一锅炖菜里往往有四五种食材，营养丰富。由于温度不超过 100 ℃，可最大限度地保存各种营养素，又不会因为加热过度而产生有害物质。炖菜时应盖好锅盖，使食材与氧气相对隔绝，抗氧化物质得以保留。经长时间小火炖煮，肉菜会变得非常软烂，容易消化吸收，适合老人、孩子和胃肠功能不好的人群。小火慢炖会让食材变得非常入味，味道可口。

炖的种类有隔水炖、不隔水炖、侉炖。隔水炖菜多为红色，主料不挂糊；不隔水炖（清炖）菜多为白色，主料也不挂糊；侉炖多为黄色，主料需挂糊。炖菜的主料一般需先经炸或焯水初步热加工处理后，再行炖制。炖的用料有整件的也有块的，一般都不需挂糊，只有侉炖鸡、侉炖鱼一类的菜，在炖前需要挂鸡蛋糊炸一下，再下锅炖制。因此，烹制侉炖菜时要防止主料把锅烧煳。炖制菜肴口味浓厚、质地软烂。

（二）炖的烹调技巧

1. 不隔水炖法

（1）不隔水炖法是将原料在开水内烫去血污和腥膻气味，再将其放入陶制的器皿内，加葱、姜、酒等调味料和水（加水量一般可比原料稍多一些，如 500 克原料可加 750~1 000 克水），加盖，将砂锅直接放在火上烹制。烹制时，先用旺火煮沸，撇去泡沫，再移微火上炖至酥烂。炖煮的时间可根据原料的性质而定，一般为 2~3 小时。其特点是：以喝汤为主，汤汁澄清爽口，滋味鲜浓，香气醇厚。

（2）工艺流程：选料→焯烫→入砂锅加清水、调味料→小火长时间加热→调味→成菜。

2. 隔水炖法

（1）隔水炖法是将原料在沸水内烫去腥污后，放入瓷制、陶制的钵内，加葱、姜、酒等调味料和水，用纸封口，将钵放入水锅内（锅内的水需低于钵口，以滚沸水不浸入为度），盖紧锅盖，以旺火烧，使锅内的水不断滚沸，大约3个小时即可炖好。这种炖法可使原料的鲜香味不易散失，使制成的菜肴香鲜味足，汤汁清澄。

（2）工艺流程：选料→切配→焯烫→入容器加汤调味→置于水锅中→加盖密封→用开水加热炖制→成菜。

（三）炖的操作要点

1. 在炖制开始时，大多不能先放咸味调味料，特别是不能放盐，如果盐放早了，由于其渗透作用，会严重影响原料的酥烂，延长成熟时间。因此，只能在炖熟出锅时进行调味（但炖丸子除外）。

2. 不隔水炖法切忌用旺火久烧，只要水一烧开，就要转入小火，否则汤色就会变白，失去其清的特色。

3. 选用畜禽肉类等主料时，应将其加工成大块或整块，不宜切小切细，但可加工成蓉泥，并制成丸子状。

4. 主料必须焯水，以清除原料中的血污和异味。

5. 要一次加足水量，中途不宜加水或掀盖。

6. 只加清水和调味料，不加盐和带色调味料，待食材熟后再进行调味。

7. 用小火长时间密封加热1~3小时，以原料酥软为止。

其代表菜有清炖蟹粉狮子头。

三、烹调法——滚

将生料放在适量滚沸的汤水中，经加热和调味制成汤菜的方法称为滚法。滚法有两个特征：一是滚是一种常用的制作汤菜的方法，成品特色随滚法及用料的不同而有所不同。

按对原料的加工方法的不同，滚法分清滚法与煎滚法两种。

1. 清滚法

将生料放在沸汤中酥滚成汤的方法称为清滚法。清滚法有以下特征。

（1）选料范围较广，禽畜肉料、内脏、鲜蛋、烤鸭骨等均可作为主料。

（2）烹制时间较短。

（3）成品汤色较清。

工艺流程：烧汤→下配料及耐火原料→调味→肉料拌粉→下肉料→撇去浮沫→上窝→成品。

操作要领：

（1）根据原料的受火程度，灵活调节投料顺序及控制好时间。

（2）原料一般为仅熟即可。

（3）撇清浮沫时，浮油不能撇去太多。

2. 煎滚法

将鱼类原料煎透后，烹酒，下沸汤，用猛火滚至奶白，经调味制成汤菜的方法称为煎滚法。煎滚法有以下特征。

（1）以鱼类原料为主料。

（2）主料滚荮须先煎透。

（3）烹制时间一般比清滚法要长。

（4）成品汤色奶白，滋味香溢、鲜美。

工艺流程：煎鱼→烹酒→下沸汤→猛火滚制→下辅料→调味→上窝→成品。

四、烹调法——蒸

蒸法即蒸制方法，是中式烹饪的技法之一，在菜肴的烹制中运用得十分广泛，它是利用水蒸气的热量使食物成熟的一种烹制方法。

蒸制之法是中国烹饪中的基本技法之一，在菜肴制作中，它是很多品种制作的一道重要工序和主要手段，如清蒸整面鸡、清蒸鱼、荷花鸡和各类蒸碗等，或求形整，或求味厚，或求色雅，都离不开蒸的技法。至于主食中的米饭、包子、馒头等，更是中国人每日不可或缺之食。

五、烹调法——炒

（一）炒的定义

炒是使用最广泛的一种烹调方法。一般是用旺火热油进行烹制，但火力的大小和油温的高低要根据原料而定。操作时要依次下料，用手勺或铲子进行翻拌，且动作要敏捷，其关键原则是断生即好。利用炒制作出来的菜品的特点是脆、嫩、滑。

适用于炒的原料，多为经刀工处理的小型丁、丝、条、球等。炒用小油锅，油量多少视原料而定。操作时，一定要先将锅烧热再下油。

（二）炒的分类

1. 生炒

生炒也称火边炒，是以不挂糊的原料为主。先将主料放入沸油锅中，炒至五六成熟时再放入配料，配料易熟的可后放，不易熟的应与主料一起放，然后加入调味料，迅速颠翻几下，断生即好。这种炒法，汤汁很少，原料鲜嫩。如果原料的块形较大，可在烹制时兑入少量汤汁，翻炒几下，使原料炒透，即可出锅。

要点：需在原料本身的水分炒干后再放入汤汁，这样才能入味。

2. 熟炒

熟炒一般是先将大块的原料加工成半熟或全熟（煮、烧、蒸或炸熟等），然后改刀成片、块等，放入沸油锅内炒，再依次加入辅料、调味料和少许汤汁，翻炒几下即成。熟炒菜的特点是略带卤汁、酥脆入味。

要点：熟炒的原料大都不挂糊，起锅时一般用湿团粉勾成薄芡，也有用豆瓣酱、甜面酱等调味料烹制而不再勾芡的。

3. 干炒

干炒又称干煸，是将不挂糊的小型原料，经调味料拌腌后，放入八成热的油锅中迅速翻炒，直到外面焦黄时，再加配料及调味料（大多包括带有辣味的豆瓣酱、花椒粉、胡椒粉等）同炒几下，待全部卤汁被主料吸收后即可出锅。干炒菜肴的一般特点是干香、酥脆、略带麻辣。

要点：菜的全部卤汁被主料吸收后，才可出锅。

4. 软炒

软炒又称滑炒，是先将主料出骨，经调味料拌匀，再用蛋清团粉上浆，放入五六成热的温油锅中，边炒边使油温增加，炒到油约九成热时出锅，再炒配料，待配料快熟时，投入主料同炒几下，加些卤汁，勾薄芡起锅。软炒菜肴非常嫩滑，但应注意在主料下锅后，必须使主料散开，以防主料挂糊粘连成块。

要点：主料要边炒边使油温增高，炒到油约九成热时出锅，再单独另炒配料，待配料快熟时，投入主料同炒。

六、烹调法——焖

将碎件原料经油泡或酱爆、煲熟、炸后，放在砂锅中爆香，加入汤水和调味料，加盖用中火加热至软熟，经勾芡而成一道热菜的烹调方法称为焖法。焖制菜肴具有汁浓、味厚、馥郁、肉料软滑、芡汁稍宽的特征。

根据原料的生熟状态，焖法可分为生焖法、熟焖法和炸焖法三种。

1. 生焖法

生焖法是原料经过油泡或酱爆，因此生焖法可分为油泡生焖法和酱爆生焖法两种。

工艺流程：生肉料油泡或酱爆→烹酒→下汤水及调味→中火烹制→勾芡→成品。

操作要领：

（1）肉质软嫩的原料用油泡生焖法，肉质较韧的原料用酱爆生焖法。

（2）焖制时要加盖。

（3）芡宜厚，芡量宜稍多。

2. 熟焖法

生料煲熟切件后，再焖制的方法称熟焖法。熟焖法的操作与酱爆生焖法基本相同。熟焖法具有成品肉质软滑、味道浓郁、有较重的酱料香味等特征。

工艺流程：煲熟生料→切件→爆香酱料及肉料→烹酒→下汤水及调味→中慢火焖制→勾芡→成品。

操作要领：

（1）肉料必须用酱料爆香、爆透再焖制。

（2）控制好火候及汤水量，注意其熟度。

（3）因焖制时间长，故要加盖焖制。

（4）芡宜厚、稍宽。

3. 炸焖法

将肉料上粉炸熟再焖制的方法称炸焖法。炸焖法适用于鱼类原料，其成品具有外甘香、内软滑、汤鲜美的特征。

工艺流程：生料拌味→上粉→炸透→焖制→勾芡→成品。

操作要领：

（1）原料刀工要均匀。

（2）上粉前原料应沥干水分，上粉不能太厚。

（3）原料应炸透。

（4）略焖即可。

七、烹调法——煎

（一）煎的概述

一般日常所说的煎，是指用锅把少量的油加热，再把食物放进去，使其熟透，表面稍呈金黄色乃至微焦。由于加热后，油的温度比用水煮的温度高，因此煎食物往往需时较短。煎出来的食物味道也会比水煮的甘香可口。饺子、烟肉、鸡蛋、广东年糕都是常见的以煎烹调的食品。煎也指把东西放到水里煮，让所含的成分进入水中，一般只是指煎茶、煎药。

（二）煎的定义

把加工好的原料排放在有少量油的热锅内，用中慢火加热，使原料表面呈金黄色、微有焦香，经调味而成一道热菜的烹调方法称为煎法。

（三）煎的种类

1. 软煎法

将加工好的原料挂上蛋浆后煎熟，经过勾芡、淋芡或封汁等方法调味而成的烹调方法称为软煎。软煎法有以下特点：

（1）原料要腌制、要挂浆。

（2）调味方式是勾芡、淋芡或封汁。

（3）成品外表酥香，肉嫩软滑，味香醇厚。

工艺流程：腌制原料→挂浆→煎制→调味→成品。

（1）根据原料特性选择腌料。

（2）挂蛋浆，将调好的蛋浆与肉料拌匀，或将蛋液与肉料拌匀，再拍上干淀粉。

（3）排放在锅内煎制，煎至熟透。

操作要领：肉料在煎制前先腌制，使其松软入味；若在锅里勾芡或封汁，操作应快捷才能保持香酥风味。

2. 蛋煎法

将蛋液煎至凝结，成形扁平，色泽金黄而成熟的烹调方法称为蛋煎。蛋煎法有以下特点：

（1）以蛋液为主料，不掺水，但可以掺入辅料。

（2）用中慢火煎制。

（3）成品色泽金黄，滋味甘香，味道鲜美，多为扁平形。

工艺流程：辅料初步熟处理→蛋液调味→蛋液与辅料拌匀→煎制→成品。

（1）采用蛋煎法的菜式辅料必须进行初步熟处理。

（2）蛋液调味打散，荷包蛋除外。

（3）加入辅料调匀。

（4）煎制锅必须先烧热，然后下油滑锅。

操作要领：

（1）辅料的比例不宜太大，占蛋液的30%~50%为宜。

（2）辅料加蛋液前必须先沥干水分。

（3）煎制时下油不能太多。

（4）先将蛋液略炒至刚开始凝结再煎效果更好（如香煎芙蓉蛋等）。

3. 干煎法

将不用上浆或粉的原料煎熟呈金黄色，封汁或淋芡上碟，或跟作料的烹调方法称为干煎法。干煎法有以下特点：

（1）主料不上浆也不上粉，直接煎制。

（2）主料可以粘上芝麻。

（3）成品香味浓烈，甘香，色泽金黄，肉质软嫩味鲜。

工艺流程：原料整理形状或粘上芝麻→煎制→调味→成品。

操作要领：煎制时原料要煎熟，粘芝麻既不封汁也不淋芡（如干煎大虾等）。

4. 煎焖法

将原料经过煎制后，加入汤水和调味料略焖而成的烹调方法称为煎焖法。煎焖法有以下特点：

（1）菜式由煎和焖共同完成，先煎后焖，以煎为主。

（2）成品既有煎的焦香，又有焖的软滑入味。

工艺流程：原料造型→煎制金黄色→略焖→勾芡→成品。

（1）根据菜式设计要求进行原料造型。

（2）将原料煎至金黄色。

（3）加汤水及调味料略焖。

操作要领：先煎后焖，以煎为主，煎焖结合。原料若以馅料形式造型必须将馅料酿牢固，焖制时间不宜过长（如茄汁煎焖大虾、煎封鲳鱼、煎酿鲮鱼、煎酿青椒等）。

5. 煎焗法

将原料煎出香味，用少量的汤汁或酒洒在热锅内，产生热水汽将原料焗熟的烹调方法称为煎焗法。煎焗法有以下特点：

（1）菜式由煎和焗共同完成，以煎为主，煎焗结合。

（2）成品色泽金黄，滋味甘美。

工艺流程：腌制原料→煎熟→焗香→成品。

操作要领：

（1）原料以形状较小或薄形为主。

（2）原料必须腌制。

（3）煎焗时火力不宜太猛，加盖。

（4）菜式一般不勾芡（如煎焗鱼嘴等）。

6. 半煎炸法

将原料上浆后，先煎后炸的加热方式烹制成熟称为半煎炸法。半煎炸的菜式主要是窝贴菜式。半煎炸法有以下特点：

（1）原料造型由一件扁平肉料与一片肥肉（或面包）相叠组成。

（2）原料挂窝贴浆，若用面包片，面包片不挂浆。

（3）成品形状为日字形。

（4）菜式干上，配作料蘸食。

（5）成品色泽金黄，外形整齐、为日字形，口感香酥、内嫩。

工艺流程：腌制原料→调窝贴浆→挂浆造型→煎制定型→炸至香酥→上

碟整形→成品。

操作要领：

（1）肥肉不宜太厚，要用酒腌制透。

（2）挂浆要均匀，不要露出主料。

（3）下锅时要摆放整齐，便于熟透后逐件分开摆放。

（4）先煎有肥肉的一面。

八、烹调法——炸

（一）炸的定义

炸是用旺火加热，以食用油为传热介质的烹调方法，其特点是旺火、用油量多（一般比原料多几倍，饮食业称“大油锅”）。用这种方法加热的原料大多需要间隔炸两次。用于炸的原料在加热前一般需用调味料浸渍，加热后往往随带辅助调味料（如椒盐、番茄沙司、辣椒油等）上席，炸制菜肴的特点是香、酥、脆、嫩。

（二）炸的种类

由于对所用原料的质地及制品的要求不同，炸可分为清炸、干炸、软炸、酥炸和卷炸等。

1. 清炸

清炸是原料不经挂糊上浆，用调味料拌渍后投入油锅，用旺火加热的烹调方法。

2. 干炸

干炸是先将原料用调味料拌渍，再经拍粉或挂糊，然后下油锅炸熟的烹调方法。

3. 软炸

软炸是将质嫩而形状小（小块、薄片、长方条）的原料先以调味料拌和，再挂上蛋粉糊，然后投入五成热的油锅炸制的烹调方法。

4. 酥炸

酥炸是将蒸煮酥软、成熟入味的原料外面挂上糊，再下油锅加热至表层起酥、内部松嫩的烹调方法。

5. 卷炸

卷炸是将加工成片形、条状或蓉状的无骨原料用调味料拌和后，再用其他原料卷裹起来，挂上蛋粉糊，入油锅炸的烹调方法。

九、烹调法——焗

焗法是指将肉料腌制后用密闭加热的方式对肉料施以特定热气，使肉料温度升高，自身水分汽化，由生变熟而成为一道热菜的烹调方法。焗制菜式最显著的风味特征是芳香、味醇。在制作上，焗法要求肉料在焗前先腌制；烹制时用水量较少，甚至不用水；以热气加热。按加热方式，焗法可分为砂锅焗、盐焗、炉焗和汁焗四种。

1. 砂锅焗

将腌好的生料放在砂锅内，辅以特殊热气加热至熟的方法称为砂锅焗。砂锅焗的菜品气味芳香、原汁原味。

工艺流程：腌制主料→准备砂锅→主料下锅→慢火焗制→滗汁→上碟→淋汁→成品。

操作要领：

（1）主料要事先腌好。因为焗制过程中难以对主料调味，不事先腌制主料就会不入味。

（2）砂锅不能太小。

（3）焗制过程中应翻转主料，使其受热均匀。

2. 盐焗

将腌制好的生料埋入热盐中，由热盐释放出的热量使生料至熟的方法称为盐焗法。除热盐外，用其他能储热的物料如沙粒、糖粒等也可将生料焗热、焗熟。盐焗的菜肴具有盐香浓烈、回味无穷的特点。盐焗法由东江盐焗鸡而起，现仍以选用禽类原料为主。

工艺流程：腌制主料→加热盐粒→包裹主料→埋进热盐→取出熟料→斩件上碟→配作料→成品。

操作要领：

（1）主料必须预先腌制入味。

（2）盐粒数量不能太少，若盐量不足，应以微火补充热能或加盖减少热量散失。加热盐粒时，要使盐灼热，尽量多储热。

（3）一只鸡大约焗 20~25 分钟。

（4）生料应埋入热盐的中心。

3. 炉焗

将腌制好的生料放进烤炉内，用热空气或远红外线使生料至熟的方法称为炉焗法。炉焗与烧烤在炉具、加热温度、加热时间等方面有所区别。炉焗的菜肴除有辅料香味外，还略带烤的风味。

工艺流程：腌制主料→烹熟主料→调好炉温→入炉焗制→配作料→成品。

操作要领：根据原料的特性调好炉温和炉焗时间，生料须预先腌制入味。

4. 汁焗

汁焗法是利用汤汁或味汁将腌制好的生料焗熟的方法。由于此法常用炒锅烹制，故又称锅具法。汁焗的菜肴偏于软嫩，滋味较浓。

工艺流程：腌制主料，处理辅料→初步熟处理→倒入汤汁或味汁 →慢火加热→成品。

操作要领：预先腌制主料；汁焗是用慢火，不宜过多翻动，要加盖。

十、烹调法——卤

（一）卤的定义

卤是冷菜的一种制法，将加工好的原料或预制的半成品、熟料，放入预先调制的卤汁锅中进行加热，使卤汁的香鲜味渗入原料内部成菜，然后冷却装盘。可以选择猪、牛、羊、鸡、鸭、鹅及其内脏和蛋类，水产品等动物性原料，也可用蔬菜、菌类、豆制品等进行卤制，其制作简单，成品味厚醇香，口感鲜美。

（二）家庭卤汁的配制

沸水5千克、酱油1.2千克、绍兴黄酒120克、冰糖250克、食盐120克、大茴香25克、草果皮25克、桂皮25克、甘草25克、花椒12克、丁香12克。将大茴香、草果皮、桂皮、甘草、花椒和丁香调味料装入纱布袋并扎紧口，将其投入沸水中，加酱油、绍兴黄酒、食盐、冰糖及姜、葱等调味料，用文火煮沸，待透出香味，颜色呈酱红色时，即可以用来卤制原料，如丁香鸭、陈皮鸡等制品。卤汁每次使用过后要注意保持清洁，避免腐败变质，同时为了使其制品的色香味一致，可适时添加炒糖汁（冰糖）和食盐于卤汁中。

（三）卤的工艺流程

工艺流程：选料→腌渍预热处理→卤制入味→切配→装盘。

（四）卤的技术要领

1. 卤汁要宽，且全部淹没原料。

2. 保持卤汁香味，咸淡适宜。

3. 注意卤制火候，用中小火长时间地加热。

十一、烹调法——白灼

把生料投入滚沸的汤水中，用猛火将生料迅速加热至熟，上碟后配以蘸食作料，热制成热菜的烹调方法称为灼法。灼法适用范围广，既适用于动物性原料，又适用于植物性原料，但一般只用于鲜料。灼制的菜肴具有滋味清爽的特点。灼可分为白灼法和生灼法。

1. 白灼法

生料经过腌制后放进滚沸的汤水中灼制的方法称为白灼法。与生灼法相比，白灼法具有以下几个工艺特点。

（1）生料一般经过腌制。

（2）用味汤灼制，味汤通常只有姜、葱。

（3）有些生料灼后，还要经煸、爆等增香处理。

工艺流程：腌制原料→滚制汤味→投料灼制→煸、爆→上碟造型→配作料→成品。

操作要领：

（1）肉料必须切薄些，薄厚要非常均匀。

（2）投料时汤水必须滚沸，或必须猛。

（3）投料后应迅速使其散开，以保证均匀受热。

（4）及时捞出，不可过火。

2. 生灼法

将生料直接放在滚沸的水中灼制的方法称为生灼法。生灼法适用于动、植物原料。

工艺流程：烧沸灼水→投料灼制→捞出沥水→上碟造型→配作料→成品。

操作要领：

（1）火要猛，水要开。

（2）灼素菜原料时，灼水要加食用油。

（3）注意水量与原料的比例。

（4）灼制刚熟即可。

第三章
烹调原料初步加工

第一节　原料的基本知识与初步加工

一、原料的分类

在实际生产生活中，常用的烹调原料达数千种之多，其来源广泛，对原料进行分类，有利于系统地了解同一类原料的共性与各种不同原料的性质和特点。

（一）按烹调原料的自然属性、来源划分

按自然属性、来源划分的烹调原料有动物性原料（如禽类、畜类、鱼类等）、植物性原料（如蔬菜、粮食、果品等）、矿物性原料（如盐、碱等）、人工加工原料（如香料、色素、酱油等）四大类。

（二）按加工状态划分

按加工状态划分，烹调原料有鲜活原料（鲜鱼、鲜肉、鲜蔬果、活禽等）、干货原料（鱼肚、海参、干鲍鱼等）、复制品原料（火腿、腊肠、罐头食品等）三大类。

（三）按原料在菜肴中的地位划分

按原料在菜肴中的地位划分，烹调原料可分为主料、辅料（包括配料和

料头）和调味料三大类。

（四）按原料的商品种类划分

按原料的商品种类划分，烹调原料可分为粮食、蔬菜、肉类及肉制品、禽类及蛋品、水产品及水产制品、干货及干货制品、果品和调味料。

二、原料的品质鉴定

菜肴质量品质的鉴定，一方面取决于厨师的烹调技术，另一方面取决于烹调原料的品质。高品质的菜肴必须以优质的烹调原料为基础，只有营养价值高、新鲜度好、符合安全卫生标准，再加上合理的烹调加工，才能制作出品质上乘的美味佳肴。

烹调原料品质鉴定的标准包括以下几个方面。

（一）原料的固有品质

原料的固有品质是指原料本身所具有的食用价值和使用价值，包括原料固有的营养、质地等。一般来说，原料的食用价值越高，其品质就越好；原料的使用价值越高，适用的烹调方法就越多。原料的固有品质由原料的品种和产地所决定。

（二）原料的纯度和成熟度

纯度是指原料中所含杂质、污染物的多少和加工净度的高低。纯度越高，原料品质越好。成熟度是指原料的生长期。原料饲养（或种植）的时间及季节都会影响原料营养物质的含量，原料成熟度恰到好处时，其品质最佳。

（三）原料的新鲜度

新鲜度即原料的新鲜程度。原料的新鲜度会随时间的延长而逐步下降，妥善保管能减缓新鲜度的下降速度。新鲜度越高，原料的品质越好。新鲜度主要从以下特征反映出来：形态、色泽、水分、重量、质地、气味等。

（四）原料的清洁卫生状况

原料必须符合食品安全卫生的要求，凡腐败变质、受污染、有病或带有病菌、含有毒物质的原料均不适合食用。

三、原料品质鉴定的方法

（一）理化鉴定

理化鉴定是利用仪器设备和化学试剂对原料的品质进行判断，包括理化检验和生物检验两种方法。

（二）感官鉴定

感官鉴定就是利用人体的感觉器官，即用眼、鼻、舌等对原料的品质进行辨别、检验。

1. 视觉检验是指用肉眼对原料的外部特征（形态、色泽、清洁度、透明度等）进行检验。

2. 嗅觉检验是指利用人的鼻子鉴别原料的气味。原料都有其正常的气味，但当它们腐败、变质时就会产生不同的异味。

3. 味觉检验。人的舌头上有许多味蕾，可以辨别原料的滋味，味觉检验就是通过感觉原料滋味的变化，判断原料品质的好坏。

四、原料的储存

（一）低温保藏法

低温保藏法是指利用低温环境储存原料的方法，这是原料储存最普通的方法。低温保藏按保藏温度的高低，可分为冷藏和冷冻两种。

冷藏是指将原料置于 10 ℃以下没有结冰的环境中储存。它主要适宜蔬菜、水果、鲜蛋、牛奶等原料及鱼类、肉类的短时间储存。

冷冻是将原料置于冰点以下（一般指 0 ℃以下的低温）进行储存，适用于肉类、禽类、鱼类等原料的储存。

（二）常温保存法

瓜果类、根茎类、干货类等易于储存的原料，放置于常温条件下保存。

（三）干燥保存法（即脱水保存法）

此法是用晒干、烘干等方法去掉原料中的大部分水分，从而达到保存的目的。

（四）密封保存法

此法是将原料严密封闭在容器内，使其与外界隔绝，防止原料被污染和氧化。

（五）腌渍保存法

根据所用的腌渍物质不同，腌渍保存法又可以分为以下几种：盐渍保存法、糖渍保存法、酸渍保存法、酒渍保存法等。

（六）烟薰保存法

薰制原料的烟气含有酚类、酸类等具有防腐作用的化学物质，能渗入原料的内部从而防止微生物繁殖。烟薰多在腌制的基础上进行，使经过薰制的原料更具特殊的香味。

（七）活养法

对鲜活的原料（主要是动物性的原料）一般采用活养的方法进行保存。活养的环境与原料原来的生存环境要接近，应尽量保持其体重及品质，从而延长其使用期限。

五、鲜活原料初步加工

（一）鲜活原料初步加工原则

鲜活原料初步加工必须符合食品卫生的要求，尽可能保存原料的营养成分，原料形状应完整、美观，使菜肴的色、香、味不受影响，节约原料。

（二）鲜活原料初步加工步骤

1. 宰杀，要求将活的原料尽快宰杀。

2. 洗涤，要求去除所有污物，使原料洁净。

3. 剖剥，要求除去不能使用的废料。

4. 拆卸，要求将原料按性质、用途进行分割及分类。

5. 整理，要求将原料形状修整至美观、整齐。

（三）鲜活原料初加工的注意事项

鲜活原料初加工时，严格按操作规范进行加工，加工前必须明确质量要求，注意选择合适的材料，并充分利用副料的使用价值。

六、蔬菜初步加工

（一）蔬菜初步加工方法

浸洗。浸就是把蔬菜放在水中浸泡，浸泡能使泥沙、杂物松脱，令残留的农药渗出，若水中添加某些溶质（如高锰酸钾、食盐）时，浸泡便起到了杀菌、除虫的作用。洗就是洗涤，浸和洗往往是在一起完成的。

剪择。用剪刀剪或用手择，以去掉废料，再把蔬菜加工成规定的形状，并分类放置好。

刮削。用刀或瓜刨去除蔬菜的粗皮或根须。

剔挖。用尖刀清除蔬菜凹陷处的污物，或掏挖瓜瓤。

切改。用刀把蔬菜净料切成需要的形状。

（二）蔬菜初步加工实例

菜心。用剪刀剪去黄花及叶的尾端，在顶部顺叶柄斜剪出 1~2 段，每段长约 7 厘米。

生菜胆。切去叶尾端，取根部至叶片最嫩部分约 12 厘米。高档菜品使用的生菜胆还需修剪叶片，留下尖形叶柄，形如羽毛球状。

芥菜胆。选用矮脚菜，取根部至叶片最嫩的一段，长约 14 厘米。

白菜胆。取根部至叶片最嫩部分，长约 12 厘米，大棵的切成两半。

莜麦菜。一般主要吃莜麦菜胆。切去叶尾端，取根部至叶片最嫩部分，长约 12 厘米，大棵的切成两半。

菠菜。削去根须，原棵洗净。菠菜还可榨汁食用。

笋（鲜笋、冬笋、笔笋等）。切去根部粗老部分，剥去笋外壳，取出笋肉，用刀削去外皮，使其圆滑。

芥兰头。撕去外皮，根据菜式需要可切片、丝、丁等。

莲藕。清洗去泥，刮去藕衣，削净藕节。煲汤则按节切断，原段使用；焖则应抽裂成块；炒、凉拌则切片或丝；藕盒应该横切成片。

萝卜。刨去外皮，切去苗。用作炒时选用白萝卜，切片或丝；煲汤、焖、炖用斧头块；用作炖，则选用耙齿萝卜切圆形件；腌制时选用白萝卜，切菱形、叠梳形，主要用作腌制酸萝卜。

山药。削去外皮，洗净。

粉葛。撕皮切厚件，主要用于煲汤，也可用于焖或扣蒸。

玉米笋（嫩玉米、小玉米、珍珠笋）。根据需要切改形状。

七、水产品初步加工

（一）水产品初步加工的基本要求

水产品初步加工时，除尽污秽、杂质，满足食品卫生要求，按品种特点和用途选择正确的加工方法，注意水产品成形的整齐与美观，合理选用原料，节约原料。

（二）鱼类初步加工方法

放血。放血的目的是使鱼肉质洁、无血污、无腥味。

打鳞。用鱼鳞刨刀从鱼尾部向头部刨出或刮出鱼鳞，称为打鳞。

去鳃。鱼鳃既腥又脏，必须去除。去鳃时，一般可用刀尖剔除，或用剪刀剪除，也可以用手挖出，有时需用坚实的筷子或竹枝夹住再从鳃盖或口中拧出。

取内脏。常用开腹取脏法（腹取法）。在鱼的胸鳍与肛门之间直切一刀，切开鱼腹，取出内脏，刮净黑腹膜。

洗涤整理。取出内脏后，继续刮净黑腹膜、鱼鳞等污物，整理外形，用清水冲洗干净，初步加工基本完成。

（三）水产品初步加工实例

鲤鱼、鲈鱼、鲳鱼、马鲛、黄花鱼等。用刀尖插入鳃根放血，打鳞、切开腹部、取出内脏、刮去黑膜，然后冲洗干净便可。

草鱼、青鱼、大头鱼等这类鱼有两种宰杀方法。如果保留原条使用，可与鲤鱼一样处理即可。如果不是保留原条使用，就运用开脊取脏方法加工，方法如下：先放血、打鳞；在鱼身肛门稍靠尾部下刀，紧贴脊骨，切开鱼脊，劈开鱼头，这样就得到胸腹相连的鱼体，内脏和鱼鳃也可以轻易取出；最后刮出黑腹膜，冲洗干净即可。当鱼体被刨成两边时，带脊骨和鱼尾的一边称为硬边。

鳜鱼、鲈鱼、东星斑等这类鱼属于名贵原料，大部分用于原条烹制。为保持外形美观，需用夹鳃去脏法加工。方法是先放血、打鳞；在肛门前 1 厘米处横切一刀，切断肠，然后用专用的竹枝、粗筷子或长铁钳从鳃盖中插入，夹好鱼鳃，在拧出鱼鳃的同时拧出内脏；再将鱼体内外冲洗干净即可。

黄鳝。用叉将黄鳝头插入砧板上，用小刀沿着脊骨切开至尾，然后在头部将鳃骨切断，用刀身平贴鳝肉，将鳝脊骨片出，洗去黏液。

虾。如用作白灼，将虾洗净即可；取虾肉时，剥去头、壳和尾，取出虾肉；作酿用的可将剪好的虾在腹部顺切开口；作直虾用的，剥去虾头、虾壳，留下虾尾，挑去虾肠，在腹部横切三刀，深约 1/3；如用于煎、焗需要将虾剪净。

蟹。宰蟹时先将蟹背朝下，放在砧板上，用刀尖往蟹厣部戳进，令蟹死亡；将蟹翻转，用刀身压着蟹爪，用手将蟹盖掀起，削去蟹盖弯边及刺尖；膏蟹取出蟹黄放好；刮去蟹鳃，切去蟹螯，取出内脏，洗净。

鲜鲍鱼。用刷子将内外污物刷洗干净。连壳一起用的，应用刀将肉大部分切离，留下一点儿与壳相连。

圆贝。用尖刀插进贝壳内，将贝肉一切为二（小的圆贝不必把贝肉切开，只切去一边外壳即可），剥去内脏，洗净即可。

甲鱼。将甲鱼背朝下放在砧板上，拇指和食指扣在后腹部凹陷处固定甲鱼；待头伸出时，用刀剁下，压着甲鱼头，拉出甲鱼颈，原固定甲鱼的手迅速反手握住甲鱼颈，尽量将其往外拉。用刀切开颈与背甲连接处，斩断颈骨，撬离前肢关节，在背甲与腹部之间下刀，将腹部与背甲切离。把甲鱼放进 60 ℃左右的热水中略烫，擦去外衣，冲洗干净。将背甲完全切离，切除内脏，洗净油脂，冲洗干净。斩件时要斩去嘴尖、脚趾、背甲，只留肉裙。

第二节　干货涨发的基本知识

干货是烹饪原料中的一个重要组成部分。干货原料自身的特性决定了它不能直接用于烹饪，而必须先进行涨发加工。

通过本节的学习，可以认识干货涨发的重要性和基本方法。本章列举了大量涨发加工的实例，使读者能了解涨发加工的方法和具体运用。涨发原理是对干货涨发规律的总结，是进行深入研究的基础。

一、干货涨发加工的重要性

使干货原料重新吸收水分，以最大限度地恢复原状，同时除去干货中带异味、不能食用的部分和杂质以满足食用要求的工艺过程称为干货涨发，又称发干货。由于干货原料特性多样和脱水干制方法各异，且干货原料由鲜料脱水干制而成，所以有干、硬、老、韧等特性，个别还有腥、膻、臭等异味，不可直接烹饪食用。干货原料要进行烹调，必须通过涨发环节除去这些异味。

无论是植物原料还是动物原料，无论是陆生原料还是水生原料，都可以制成干货，尤其是一些名贵的山珍海味原料，干货占了大部分。在粤菜中，不少高档、名贵菜肴都是以干货原料为主料。

高质量的干货涨发加工是工艺技术水平的表现。干货的脱水制干方法中既有阳光晒的，又有阴凉处风干的，既有用火烘干的，又有用石灰、盐渍等制干的。制作方式各不相同，从而形成了干货原料质地性能的复杂性。品质如此复杂的干货原料，是不可能运用两三种涨发方法便可以加工完成的。一些名贵的山珍海味干货，其涨发程序相当烦琐，技术要求较高，不易掌握，也比较难以达到较好的涨发要求。只有不断实践，反复总结经验才能掌握干货涨发加工。由此可见，干货涨发加工是一项具有相当难度的工艺技术。

二、干货涨发加工的要领与保管

由于干货原料的种类繁多，产地不一，品质复杂，再加上干制方法多种多样，性能也各不相同，因此，涨发加工方法也必须因品种性能而异。

（一）熟悉干货原料的特性和产地，以便选用合适的涨发方法

同一种类的干货原料，因产地不同，形状也有差别，性能更是不尽相同。只有了解干货的产地，掌握其各自的特性，有针对性地运用相应的涨发加工方法，才能达到事半功倍的效果。以涨发干鱿鱼为例，身薄、味香、质地柔软的鱿鱼只需用清水浸 2~3 小时便可，这样既能保持其香味，又可达到脆嫩的目的。但如果是质量一般的鱿鱼，因其形大、身厚、质地又韧又硬、石灰味重，不但涨发时间长（半天以上），还要加入碱水或小苏打等进行浸与漂。

（二）熟悉涨发步骤，留意涨发过程的关键环节

个别干货原料涨发的方法和过程比较简单。但大部分干货原料，尤其是名贵的山珍海味原料，其涨发过程就比较复杂，全过程会有几个工序，而且每一个工序的涨发目的、要求、关键点都不同，必须全面掌握，妥善处理。

（三）懂得干货原料的质地要求及涨发程度要求

每一种干货原料，其烹饪要求和本身质地要求不同，因而其涨发的程度也会有所不同。粤菜将干货涨发的程度称为“身度”，“够身”即干货原料的软硬程度足够。每一种干货原料的“身度”鉴别都有其标准，如鱼翅，用筷子夹住中间，两端下垂为“够身”；又如广肚，涨发后用手指能夹入，用刀切时爽刀，中间不见白心为“够身”。由于烹饪和保存的原因，一些干货原料涨发时不需完全“够身”。

（四）做好保管工作

干货原料涨发后，由于含有较多的水分，使其容易受细菌的侵入而变质。

有些干货原料在涨发过程中加入了大量的肉料，汤汁中也就含有丰富的蛋白质，很容易滋生细菌而变质。因此，干货原料涨发后必须做好保管工作，以免造成损失。

第三节 干货涨发加工的方法

一、水发

水发是把干货原料放到水中进行涨发，利用水的渗透作用，使干货原料重新吸收水分，从而尽量恢复原有状态，使质地柔软。大部分的干货原料无论使用何种涨发方法，都会经过水发这一过程。可见水发是干货涨发最普遍、最基本的方法。水发可分为冷水发、热水发和碱水发三种。

（一）冷水发

冷水发就是把干货原料放入清水中让其自然吸水回软的方法。冷水发干货原料主要是利用水的浸润作用，让干货原料中的蛋白质和纤维素吸水膨胀，使干货回软，恢复原状。冷水发又可分为浸发和漂发两种。浸发是把原料放在清水中，使其自然吸水变软，恢复原状的方法。在浸的过程中，一方面水分会逐渐渗透到原料内，使其发胀；另一方面，原料的味也会逐渐溶解在水中。一般来说，浸的时间越长，原料越能浸发透身，直至饱和，但原料失味也越多。浸发多适用于一些质地比较松软、易于吸水膨润的干货原料，如菇菌类、干菜类等植物干货原料。

浸发也会与其他加工涨发方法结合使用。一些质地较坚硬、脂肪或胶质较重的动物干货原料，如海参、鲍鱼、广肚、燕窝等，在使用热水涨发之前，应先把其放进冷水中浸泡一段时间，使其充分吸收水分后才能使用热水涨发。一些经油发、盐发的鱼肚、蹄筋、浮皮等原料，还须用清水浸发才能吸水回软。浸发要掌握好时间，尤其是鲜味浓的原料浸发时间不能过长，否则会损失较多的原味，影响质地，如银鱼干、瑶柱、带子、干鱿鱼、虾米等。

（二）热水发

热水发就是将冷水浸发后的干货原料用热水涨发回软。热水发主要是利用热力的加速渗透、热胀等作用使干货原料中的蛋白质、纤维素吸水回软。热水能在涨发过程中改变原料的质地，使其变硬为软、变老韧为松嫩。温度越高、浸发时间越长，热水发的作用就越大。一些坚硬、老韧、胶质较多的动物干货原料，必须使用热水发才能使其回软。使用热水发要根据原料的性能选用泡、焗、煲、蒸等具体的涨发方法，并掌握好温度和涨发时间，从而达到良好的涨发效果。

1. 泡发

泡发是指将干货原料放在热水或沸水中使其吸水回软。该涨发方法适用于各种菌类、粉丝、干果仁等形体较小的原料。热水泡可以加快干料吸水回软的速度，在天气较冷的时候用得较多。热水泡还可抑制酶破坏干货原料的鲜味。

2. 焗发

焗发是把干货原料放在热水或沸水中，并加上盖，使干货在散热较慢的环境里加速吸水涨发回软，干货原料在焗发前应先浸发。干货原料在较高温度的热水中能促进水分的吸收，使其质地变得更软，杂质、异味也容易去掉，如广肚、燕窝等，通过热水焗便可使其涨发透身。热水焗又是某些干货原料涨发过程中的一个工序，如鱼翅只有通过热水焗才可以打沙，海参也只有通过热水焗才能去除杂质、异味。一些需要较长时间浸发才能涨发透身的干货，用热水焗可缩短冷水浸发的时间，提高涨发效率。

3. 煲发

煲发是把干货原料放入锅内热水中连续加热，以促进干货原料吸水回软，并可去除其杂质、异味。此法适用于特别坚硬或老韧、杂质较多、异味较重的动物干货原料，如鱼翅、鲍鱼、海参等。原料在煲发前需经过浸发，有的还要经焗发处理。煲发可以与焗发结合进行，也可以多次换水反复煲。煲的过程中，要掌握好火候和原料的回软程度。

4. 蒸发

蒸发是将干货原料洗净或稍浸后放入器皿内，加入汤水和调味料，用蒸汽加热使干货回软。蒸发与煲发一样，都是利用连续高温使原料充分涨发。而蒸发还有一个好处，就是使涨发的原料不失味和散碎，能够较好地保持原味和原状。蒸发适合瑶柱、虾干、带子等易碎烂又不能失味的海味干货原料。蒸发操作比较简便，主要是掌握好蒸的时间和原料涨发的程度。

（三）碱水发

碱水发是指干货原料先用清水浸软后，再放进食用纯碱液中浸泡，使其去韧回软，再用清水漂净碱味。碱水发利用的是纯碱的电离和“腐蚀”作用。在水的浸润作用下，使干货原料带上电荷，加速亲水作用，充分吸水回软并适度除韧。干货原料放在纯碱溶液中，碱会对其表面产生腐蚀，方便水对干货原料的渗入；稀碱溶液中的氢氧根离子能破坏蛋白质中的一些负键，使其轻度变性，这样就使肌肉纤维结构松弛，也有利于碱水的渗透和扩散。碱能促使油脂的水解，消除油脂对水分扩散的阻碍，加快水分渗透和扩散的速度。同时，碱溶液能使蛋白质的亲水基团大量暴露，从而使其亲水性大大增强，加快了干货原料的吸水速度，令其体积膨胀。经过碱发的原料，体积会比一般浸发的大几倍。碱发后的原料放在清水中漂洗时，由于渗透的作用干货仍然会继续膨胀。碱水发只适用于一些特别坚韧，且用一般浸发不能完全涨发的干货原料，如鱿鱼、墨鱼等。

碱水发在操作过程中要注意以下几点：必须根据原料的质地、性能确定用碱分量；掌握碱水浸发的时间，干货原料够身即可；涨发后必须用清水漂清碱味；禁止使用有致癌等有损身体健康的碱性物质，如烧碱。

二、油发

油发又称为炸发，就是用油将干货原料炸透，使其达到膨胀、疏松、香脆的状态。油发需结合碱液浸和用清水浸漂洗，利用碱的电离作用和脱脂作用脱去油脂，使其清洁干净。油发干货原料的一般过程是先用温油浸炸干料，再用热油炸至其膨起。食用油经过加温可以达到比较高的温度，一些胶质比较重的动物干货原料，如鱼肚、花胶、蹄筋等在较高温油中会逐渐膨胀、发大，比原来体积增加几倍，并且变得疏松、香脆，再用水浸发后，就会变得松软、香滑。油发的关键在于掌握油温，包括原料下锅时的油温、浸炸过程的油温和原料捞起时的油温，还有原料涨发的时间和程度等。油温因干货原料质地、性能的不同而不同，油温掌握得不好，涨发质量便会差，甚至导致失败。

三、盐发和砂发

盐发和砂发一般由干货原料加工企业完成。盐发和砂发的用料虽不同，但其方法相同，二者都是利用粗盐或砂粒的高温涨发原料，将如鱼肚、蹄筋、猪皮等干货原料膨胀发大，以达到疏松质地的目的。其在色泽、膨胀度、疏松度等方面比油发的效果更佳。

四、火发

火发即把干货原料放在火上烧或烤焙的涨发方法。凡表皮带有厚毛或有棘皮的干货原料，在水发前都应先用火烧一烧。如有些海参的表皮含碱味较重，不易去除，在水发前将其放在火上直接烧烤至其表面变焦，然后用刀刮去，再通过水发便可去掉异味较重的表皮，减少其碱灰味。带有厚毛发的干货原料很难直接采用水发，要达到去除毛发的目的，可以用湿泥巴将其裹住，再放入炉火中烤焙至干裂，然后将泥连同毛发一起剥去。火发是一种辅助的涨发方法，平时使用并不多。

干货原料种类繁多，性能各异，往往不能用一种方法完成其涨发过程。因此，要掌握好每一种涨发方法的原理和作用，根据各种干货原料的性能和干制特点灵活运用。

第四节　干货涨发加工实例

一、植物性干货类涨发加工

（一）冬菇（花菇、北菇）

用清水洗干净后再用热水泡约 20 分钟，剪蒂后洗净即可。如果是新花菇或新北菇，其浸发的水可留用。

（二）羊肚菌

用清水浸约 30 分钟，洗净后即可。

（三）松茸菌

松茸菌有较多的泥沙，先用清水浸约 20 分钟，洗净后捞起，换水再洗，并加入少许生粉擦洗。需要反复多次漂洗才能将泥沙彻底洗净。

（四）雪耳（银耳）

先用清水浸约 2 小时，洗剪干净，去除头部木屑，再加入沸水焗至软透便可。如果色泽带黄，可加入少许白醋，稍浸后揸洗，再用清水漂洗就可增白。

（五）木耳、石耳、云耳

用清水浸约 2 小时，将泥沙、木屑剪洗干净，再用清水漂半小时即可。

（六）竹荪

用清水浸约 2 小时，洗净泥沙即可。如色泽带黄，可用白醋浸约 10 分钟，然后漂洗干净，可使其变白。

（七）笋干

先用清水浸约 10 小时，再用沸水焗约半小时，放进锅内，加入清水煮沸，用中慢火煲约 30 分钟，取出离火再焗至水冷，最后漂浸约 30 分钟，直至笋干发白、质爽脆、无异味为止。

（八）百合

用清水浸约 1 小时后可焗或蒸至够身，若用于煲、炖，则将其浸透便可。

（九）芡实、薏米

用清水浸约 1 小时然后洗净，再焗或蒸至透心，用于煲、炖的则将其浸透便可。

（十）干白莲子

用清水浸约 1 小时或用热水泡半小时，去掉莲心。如果用于甜品，则放入沸水炖约 30 分钟至焾，然后加入白糖略炖。

二、动物性干货类涨发加工

（一）鱿鱼

用清水浸约 2 小时，去掉鱿鱼外衣、眼和嘴，洗净。未透身的可浸至透身。如鱿鱼质厚老韧，可浸 1 小时后加入纯碱浸约 20 分钟，然后漂水约 1 小时直至碱味清除（500 克水加入纯碱 25 克）。

（二）墨鱼

用清水浸约 3 小时，去掉鱼骨、眼睛和外衣，再用碱水浸约 20 分钟，然后漂水约 1 小时直至碱味清除便可（500 克水加入纯碱 25 克）。

（三）章鱼

用清水浸约 3 小时后，洗净便可。

（四）蚝豉

蚝豉分干蚝和湿蚝两类。干蚝需先用清水浸 4 小时，洗净，然后用沸水焗约 30 分钟，待水凉后去掉残留的壳屑及泥沙，再用沸水煮过便可。

湿蚝可先用清水浸约 2 小时，洗净，去壳屑、泥沙，再用沸水滚过便可。

（五）瑶柱（干贝）

用清水浸约 10 分钟，剥去边枕并洗净，用器皿盛装，加入沸水浸过表面，放入姜片、葱条、料酒蒸约 1 小时，用手轻按变松散时即可。如果用于煲或炖则不需要蒸（带子的涨发方法与此相同）。

（六）花胶

用清水浸 8 小时后将其洗擦干净，放入盆内加沸水焗 1 小时，如未够身可换水再焗，直至够身为止。

（七）燕窝

用清水浸约 1 小时，放入器皿内加沸水焗至够身，若未够身可换水再焗。用白瓷碟盛放，以小钳将燕毛、杂质剔除干净，不可弄散，需保持原形。用清水浸泡备用。发好的燕窝色泽洁白，质地柔软、不懈身，无杂质，无毛丝。

（八）鲍鱼

用清水浸 6~8 小时，以软刷将其洗擦干净，放入砂锅用中慢火煲约 2 小时，连水带料倒入真空煲内焗一夜（约 8 小时，如加入一定分量的冰糖，效果会更佳）。煲焗后的鲍鱼还要用肉料㸆。㸆能让鲍鱼吸收其他滋味并可进一步涨发。发好的鲍鱼口感软滑不韧，色泽鲜明，气味芳香，味道鲜美。

（九）海参

海参种类较多，性能各异，其涨发加工方法有以下四种。

1. 先清水浸后煲焗。用清水浸 12 小时后，放入瓦盆或瓦煲内，加沸水和碱水焗约 1 小时，洗净，漂浸约 2 小时，再用清水慢火煲焗约 2 小时，取出漂浸约 8 小时。反复煲焗、漂浸 2~3 次，直至去除灰臭味和够身为止。清除肚内泥沙，保留海参纵肌，用清水漂浸待用，用时撕去海参肠。煲焗时应进行检查，如果有海参够身则提前取出漂水。

2. 先烤后煲焗。将海参放在炉火上慢火烧烤至表皮焦干，然后用小刀将表皮轻轻刮去，放入清水中浸约 8 小时，取出加入沸水煲焗约 2 小时，反复换水煲焗，直到去掉灰臭味和够身为止，洗净肚内沙石。每次煲焗中间要用清水浸漂 4 小时。

3. 以焗为主，漂浸结合。将海参放在清水中浸约 8 小时，然后放入沸水中焗至水冷，取出漂水约 2 小时，再焗，反复多次。以焗为主，漂浸结合，直至海参无异味和够身，洗净肚内沙石即可。

4. 浸炸后漂洗。将海参放进凉油中，用慢火加热至 130 ℃左右，恒温浸炸约 30 分钟，油温升高便可捞出。将炸好的海参放在清水中浸软，洗刷外皮，漂洗灰味和杂质便可使用。发好的海参要求质地柔软、爽滑不韧、不懈身、有弹性、色泽鲜明、无杂质、无灰味。

（十）蹄筋

蹄筋有猪蹄筋、羊蹄筋、牛蹄筋、鹿蹄筋、驼蹄筋等，其涨发方法基本相同，但由于各种蹄筋的粗细、大小、质地不一样，因而炸发时的油温和炸发时间也有所不同。

稍微烧热锅内的油便可放入蹄筋，用慢火使油温慢慢升高。随着油温的升高，蹄筋也会逐渐膨胀发大，直至蹄筋涨发透身才可捞起。在浸炸过程中，油温如超过 180 ℃便要停火，将其端离火位或加入冷油，继续浸炸至透。当蹄筋浮起，则用笊篱压住，使蹄筋淹没在油中，并不时翻动，使其受热均匀。

炸发后的蹄筋晾干后，放入清水中浸发，并揸去油脂。色泽发黄的可加入白醋揸透后漂水，使其增白。蹄筋涨发后的色泽比鱼肚略深。

第四章
家庭烹调刀工技术与配菜

第一节　刀具的使用和保养

一、刀具的使用

刀的种类很多，一般可按其用途和形状进行分类。按用途可将刀分为片刀、斩刀和文武刀三种。

1. 片刀

片刀包括桑刀，但二者的形状和重量不同。

性能：重约 500 克，轻而薄，刀刃锋利，钢质，硬度大。

用途：适宜切或片精细的原料，如鸡丝、火腿片、肉片等，但不可切带骨的或硬的原料。

2. 斩刀

斩刀又称骨刀、厚刀。

性能：重约 1 000 克，背厚，刀口呈三角形。

用途：专用作斩带骨的原料。

3. 文武刀

性能：重约750克，前部近于片刀，后部近于斩刀，刀口一边平直、一边斜，适用范围较广。

用途：前部可以切精细的原料，后部可以斩带骨的原料，但只能斩小骨，如鸡骨、鸭骨，不能斩较大的硬骨。

二、刀具的保养

只有刀具锋利，才能使加工后的原料整齐、平滑、美观，避免互相粘连。因此，平时要注意对刀具进行保养，每次用后必须揩擦干净，并放在刀架上，以防止生锈。现将刀具的一般保养及磨刀方法介绍如下。

（一）刀具使用后的一般保养方法

1. 刀具使用后必须以干净的布揩干刀身两面的水分。切咸味或带有黏性的原料后，如咸菜、藕、菱角等，黏附在刀两侧的苹果酸氧化容易使刀面发黑，所以刀具使用后，要用水洗净并揩干。

2. 将使用后的刀具放在刀架上，刀刃不可碰硬的东西，以免碰伤刃口。

3. 在气候潮湿的季节，刀具使用完后最好在刃口涂上一层食用油，以防生锈和腐蚀，影响使用寿命。

（二）磨刀石的种类与应用

1. 磨刀石有粗磨刀石（马尾石）、细磨刀石（含油石）等。粗磨刀石主要成分是黄沙，其质地较粗，去铁快；细磨刀石主要成分是青沙，其质地较好，容易将刀磨利，同时不伤刃口。用粗磨刀石磨刀，刃口总会受一些损伤，容易缩短刀的使用寿命。但对于有缺口的刀，就必须在粗磨刀石上磨出刃口后，再在细磨刀石上磨快。所以这两种磨刀石各有用处，都是必不可少的磨刀工具。

2. 磨刀前的准备工作。把刀放在碱水中浸一浸，擦去油污，再用清水洗净，冬天可用热水烫一烫刀。磨刀石要放在磨刀架上，如果没有磨刀架，可在磨刀石下面垫一块布，防止其滑动。磨刀石要经常用水浸透，磨刀前，要准备一盆清水备用。

（三）磨刀的方法

不同刀具要用不同的磨法，磨刀的方法和一些注意事项如下。

1. 片刀的磨法。片刀只能在油石上磨，磨刀时，刀略翘起 5° 左右。

2. 斩刀的磨法。磨斩刀时，要先在粗磨石上磨，待磨出刃口后，再在细磨刀石上磨，磨时，刀背略翘起 8° 左右。

3. 磨刀的姿势。两脚分开或一前一后站定，胸部稍向前，右手执刀，左手按在刀面上，刀背朝向身体，刀刃向外，左手要按得重一些，以防刀脱手对人身造成伤害。

4. 开始磨刀的时候，刀面和磨刀石面上都要淋水，刀刃要紧贴磨刀石面，当磨得发黏时，需要淋水。推磨时，将刀刃推过磨刀石约一半的刀面。

5. 磨刀时要经常翻转，刀的正反面及前、后、中部都必须依次均匀地磨到，正反面磨的次数应保持相等。这样才能保证磨完的刃口锋面平直。

6. 有缺口的刀，应先在粗磨刀石上磨，把缺口磨平后，再拿到细磨刀石上磨。

7. 磨刀后的鉴别方法。将刀刃朝上，两眼直视刀刃，如看不到刃口上有白色的亮光就说明刀已磨好。用手指在刀刃上横向轻拉一下，如手指有发涩的感觉说明刀已磨好，如觉得手指打滑说明刀未磨好。将磨好的刀具用清水洗净，再用干布擦干。

第二节　砧板的使用和保养

一、砧板的使用

（一）砧板的鉴别

砧板以橄榄木或银杏木做的为好，因为这些木材质地紧密、耐用，其次是皂荚木和榆木，其他如红木材质的砧板也很好。由于松木砧板价格便宜且尺寸可以较大，是常用的砧板。选砧板还应注意颜色。砧板面微呈青色，且颜色一致，说明是用活树制成的，质量较好；如果砧板面呈灰暗色，或有斑点，说明是用死木制成的，质量较差。

（二）砧板的作用

1. 使食物清洁

用砧板垫在案板上切配原料，能使食物保持清洁卫生，使用时应将切生料的砧板与切熟料的砧板分开，以防细菌的传播。在切熟料时，要注意熟料的品种、色泽，以及是否有卤汁，不同的原料均应分开切，不可混在一起。一种原料切好后，须用刀铲除去砧板上的卤汁、油水或污秽，用干净的布擦干净后才可切其他原料。

2. 使原料整齐、均匀

砧板能使原料切得整齐、均匀，如不用砧板而在案板上切，案板很快就会变得凹凸不平，切出来的原料也就不能整齐、均匀。

3. 对刀具和案板起保护作用

砧板的木质是直丝缕，刀刃不易钝，案板的木质是横丝缕，易伤刀刃及自身，因此用砧板可以保护案板和刀具。

二、砧板的保养

（一）新砧板可用盐水涂其表面，使木质经过盐渍后收缩，让砧板更为结实、耐用，不易开裂。

（二）使用砧板时，不可只用一边，应该四边轮换使用。

（三）如发现砧板凹凸不平，可以用钢刨轻轻刨掉凸起部分，以保持砧板表面的平滑。

（四）砧板使用完毕后，应彻底擦净，并用洁布罩好，竖放，吹干水分以便恢复干爽。

第三节　家庭料理刀法的运用

一、刀法的运用

刀法就是使用不同的刀具将原料加工成特定形状时采用的各种不同的运刀技法，即运刀的方法。刀法是随着人们对各种原料加工特性的认识不断深化发展起来的。由于烹饪原料的种类以及烹饪的方法不同，原料呈现的形状也会不同，各种形状的原料不可能用同一种刀法完成。

二、刀法的分类

根据加工用刀的不同，刀法可以分为普通刀法和特殊刀法两大类。普通刀法是指使用普通刀具进行刀工加工的方法，特殊刀法是指使用特殊刀具进行刀工加工的方法，如食品雕刻技法等。以下只讲述普通刀法。

（一）直刀法

直刀法就是在操作时将刀口朝下、刀背朝上、刀身向砧板平面垂直运动的一种运刀方法。直刀法操作灵活多变、简练快捷、适用范围广。由于原料性质不同，形态要求不同，直刀法又分为切、剁、斩、劈等几种方法。

1. 切

切法是指用左手按稳原料，右手持刀近距离从原料上部向原料底部垂直运动的一种直刀法。切时以腕力为主，小臂辅助进行运刀。切法一般适用于加工植物性原料和动物性的无骨原料。切法基本上有以下几种。

（1）直切。直切是运刀方向直上直下，着力点布满刀刃，前后力量一致的切法，可分为定料切和滚料切两种，如图 4–1 所示。

图 4–1　直切

1）定料切。定料切是指把原料固定在砧板不动的切法。在定料切的过程中如果运刀的频率加快，就会产生称作“跳刀”的情况。

定料切适用于脆性的植物原料，如笋、冬瓜、萝卜、土豆等。定料切的操作要领是持刀稳、手腕灵活，运用腕力稍带动小臂，按稳所切原料。一般是左手自然弓指（即手指弯曲弓起）并用中指指背抵住刀身，再与其余手指配合，根据所需原料的规格（长短、厚薄）以蟹爬姿势不断退后移动；右手持稳刀具，运用腕力，刀身紧贴左手中指指背，并随左手移动，以原料规格的标准取间隔距离，一刀一刀地跳动直切下去，切时两手必须密切配合。在每刀间距相等的情况下，以从右到左的方向匀速运刀。刀刃不能偏内斜外，提刀时刀刃不得高于左手中指第一关节，否则容易造成断料不整齐或者切伤手指现象。

2）滚料切。滚料切是指将所切原料切一刀滚动一次的连续切法，如图 4–2 所示。

图 4–2　滚料切

滚料切主要应用于质地脆嫩、体积较小的圆形或圆柱形的植物原料，如萝卜、马铃薯、笋、茄子等。滚料切的操作要领是：左手控制原料的滚动，并按原料成形规格的要求确定滚动角度，需大块则增大原料滚动的角度，反之则减小角度。右手下刀的角度与运刀速度必须密切配合原料的滚动。刀身与原料成斜切面，与原料成一定的夹角。角度小则原料成形狭长，反之则短而宽。滚料切要注意双手动作的协调，两眼看准所切的部位，注意形状，大小要均匀，并随时纠正偏差。

（2）推切。推切是指刀的着力点在中后端，运刀方向由刀身的后上方向前下方推进的切法。推切适用于切细嫩纤维和略有韧性的原料，如猪肉、牛肉、动物的肝和肾等，如图 4–3 所示。

图 4–3　推切

推切的操作要领是：持刀稳，靠小臂和手腕用力。从刀前部分推到后部分时，刀刃才能完全与砧板吻合，一刀到底，一刀断料。进刀要轻柔有力，下切刚劲，断刀干脆利落，刀前端开片，后端断料。对一些质嫩的原料，如动物的肝和肾等，下刀宜轻；对一些韧性较强的原料，如猪肚、牛肉等，运刀要有力。

推切时注意估计下刀的角度，刀口下落时要与砧板吻合，以保证推切断料的效果，还要随时进行观察从而纠正偏差。

（3）拉切。拉切又称拖刀切，指刀的着力点在前端，运刀方向由前上方向后下方拖拉的切法，如图 4–4 所示。

图 4–4　拉切

拉切适用于体积薄小、质地细嫩并易碎裂的原料，如鸡脯肉、嫩瘦肉等。拉切的操作要领是：拉切时，进刀应轻轻向前推切一下，再向后下方一拉到底，即所谓“虚推实拉”。这样做有利于原料断纤成形，或先用前端微剁后再向后方拉切，其断料的效果相同。

（4）推拉切。推拉切又称锯切，是运刀方向前后来回推拉的切法，如

图 4–5 所示。

推拉切适用于质地坚韧或松软易碎的原料，如牛腱、熟火腿、面包等。推拉切的操作要领是：下刀要垂直，不能偏里向外。如果下刀不直，则不仅切下来的原料形状、厚薄大小不一，而且会影响以后下刀的部位。下刀宜缓，不能过快。如下刀过快，则会影响原料成形，还容易切伤手指。推拉时，要把原料按稳，一刀未断时不能移动，因为推拉切时刀要前推后拉，如果原料移动，运刀就会失去依托，影响原料成形。

图 4–5　推拉切

推拉切时要注意，能一刀切断原料就应用推切而不能用推拉切的方法（易碎烂的原料除外）；反之，也不能用推切。采用正确的推拉切方法，如不能使原料形状完整，则应增加原料厚度。

2. 剁

剁是指刀垂直向下，连续、快速地斩碎或敲打原料的一种直刀法。剁通常是左右手持刀同时操作，这种方法也称为排斩，可分为刀口剁和刀背剁两种。剁法适用于无骨韧性的原料，可将原料制成蓉状或末状，如肉丸、鱼蓉、虾胶等，如图 4–6 所示。

图 4–6　剁

3. 斩

斩适用于带骨但骨质并不十分坚硬的原料，如鸡、鸭、鱼、排骨等。斩又可分为直斩和拍斩两种。

直斩是指一刀斩下直接断料的刀法，如图 4–7 所示。直斩的操作要领是：以小臂用力，刀提高与前胸平齐。运刀时看准位置，落刀敏捷、利落，保证原料大小均匀。斩的力量以能一刀两断为准，不能复刀，否则容易产生碎肉和碎骨，影响原料形状的整齐美观。斩有骨的原料时，肉多骨少的面在上，骨多肉少的一面在下，使带骨部分与砧板接触，这样容易断料，同时又避免将肉斩烂。

图 4-7　直斩

4. 劈

对于粗大或坚硬的骨头，应使用劈的刀法，如劈猪头、龙骨等。劈又可分为直刀劈和跟刀劈两种。

（二）平刀法（又称片刀法）

平刀法是指运刀时刀身与砧板基本呈平行状态的刀法。平刀法能加工出件大、形薄且厚薄均匀的片状原料。平刀法适用于无骨的韧性原料、软性原料或是煮熟回软的脆性原料。按运刀的不同手法，可分为平片法、推片法、拉片法、推拉片法、滚料片法五种。

1. 平片法

平片法是指将原料平放在砧板上，刀身与砧板面平行，刀刃中端从原料的右端一刀平片至左端断料的方法，如图 4-8 所示。

图 4-8　平片法

平片法适用于无骨、软性、细嫩的原料，如豆腐、猪血、肉冻等。

平片法的操作要领是：持平刀身，进刀后控制好所需原料的厚薄，要一刀平片到底；左手按料的力度要恰当，不能影响刀身的运行，右手持刀要稳，平片速度以不使原料碎烂为准。平片时注意刀身不能抖动，否则会导致原料断面不平整。

2. 推片法

推片法是指将原料平放在砧板上，刀身与砧板面平行，刀刃前端从原料的右下角平行进刀，然后由右向左将刀刃推入片断原料的刀法，如图 4-9 所示。

推片法适用于体小、脆嫩的植物性原料，如茭白、冬笋、榨菜、生姜等。

图 4–9 推片法

3. 拉片法

拉片法是指将原料平放在砧板上，刀身与砧板平行，刀刃后端从原料的右上角平行进刀，然后自右向左将刀刃推入，运刀时向后拉动片断原料的刀法，如图 4–10 所示。

图 4–10 拉片法

拉片法适用于体小细嫩的动植物原料或脆性的植物原料，如猪肝、莴笋、蘑菇等。

4. 推拉片法

推拉片法是推片法与拉片法合并使用的刀法，如图 4–11 所示。

推拉片法适用于面积较大、韧性强、筋较多的原料，如鸡肉片、猪肉片等。

图 4–11 推拉片法

推拉片法的操作要领是：以左手的食指冲出原料外与刀刃相接触，掌握其厚薄，此法技术要求较高，熟练后可以加快片切速度，但原料成形不易平整，适用于笋片、肥肉片等。从原料底部起片时以砧板的表面为依据掌握厚薄，此法应用较多，且容易片得平整，但原料的厚度不易掌握，适用于一般肉料。

5. 滚料片法

滚料片法是运用推拉片法边片边展滚原料的刀法。滚料片法适用于把小型原料加工成片状，如把响螺肉、鸡心等片成片状。滚料片法的操作要领与推拉片法基本相同，但用手指按压固定肉料时相对较为灵活。

（三）斜刀法

斜刀法是指刀身与砧板平面呈斜角的一类刀法，能使形薄的原料成形时增大表面或美化原料形状。

（四）弯刀法

弯刀法是指运刀时刀身与砧板平面之间的夹角不断变化的刀法。弯刀法能切出弧形表面，主要用于对原料的修改及美化原料形状，如改切笋花、姜花、松花蛋、鲍鱼片等。

第四节 配菜的意义和方法

配菜是根据菜肴的质量要求，把各种加工成形的原料进行适当搭配，使其成为一份或一席适合烹饪或直接食用的菜肴的工艺过程。配菜有两个含义，一是菜肴设计时的配菜；二是日常工作中的配料。配菜是烹饪前的一道不可缺少的工序，其不仅是烹饪技术的重要环节，而且是紧接着刀工后的一道工序，与刀工有着密切的关系，因此人们往往把刀工和配菜合称为切配。

合理配菜和烹饪是保证膳食质量和营养水平的重要环节之一。社会的进步要求烹饪必须摒弃不合理的做法，而逐步走向合理烹饪，即科学烹调道路。

一、配菜的意义及要求

（一）配菜的意义

1. 确定菜肴的质和量

菜肴原料的组成是其品质的物质基础，各种不同质地的原料又是直接影响菜肴质量的重要因素。选择什么质地的原料进行配制决定了菜肴的本质特征。在烹饪过程中，运用多种科学烹饪方法，使原料发生一系列合理的理化变化，成为具有良好的色、香、味的菜品，满足人们需求，达到刺激食欲、利于消化吸收的目的。

菜肴的量是指组成菜肴的各种原料其数量和原料之间的数量比例。在烹饪中，原料的数量常以其重量和体积表示。原料经刀工及初步熟处理后，按照菜肴的规格要求，确定菜肴中各种原料的数量比。菜肴的质和量是构成菜肴的两个重要方面，一道菜肴的质和量确定之后，其总体便已确定。

2. 基本确定菜肴的色、香、味、形

一种原料的形态由刀工决定，但一道菜肴的形态则是由配菜决定的。配菜时，将各种形状的原料适当地组合搭配，使其具有完美、协调的形态。色、香、味的因素虽然要在烹饪后才能显示出来，但各种原料本身都具有各自的色、香、味，几种不同原料配在一起，一定要使它们之间的色、香、味能相互融合，相互补充，否则会损害整个菜肴的色、香、味。因此，配菜是确定整个菜肴色、香、味、形的一个重要程序。

3. 使菜肴的营养素搭配合理

不同的原料具有不同的营养价值。营养素在烹饪中发生的变化各不相同，根据它们的成分和变化规律进行科学的搭配，可使组成的菜肴营养素更丰富，从而提高菜肴的营养价值。采用科学的烹饪和配菜方法，能够尽量保存原料的营养成分，提高菜品的营养价值，提高人体对营养素的利用率。

4. 使菜肴多样化

烹饪中所使用的原料极为广泛，这是菜肴多样化的原因之一。在众多的原料中，不同种类的原料相互配合或几种相同的原料以不同的数量比例、不同的部位相互配合，可以形成不同的菜肴。

5. 确定菜肴的成本

配菜确定了菜肴的质和量，就可以统计整份菜肴所用的原料及数量，从而准确地计算出成本。

6. 有利于原料的合理利用

各种原料都有高、中、低档之分，按菜肴的质量要求把它们进行合理搭

配，组成各个档次的菜肴，使各种原料做到物尽其用。

（二）配菜的基本要求

1. 熟悉原料的性能

中国烹饪的特色之一就是选料精细、严格，烹饪原料品种繁多，各有特色，原料品种不同，性能各异。在烹饪过程中，原料受热后所发生的变化也不同，即使是同一种原料，也会因季节的变化使性能产生差异。例如粤菜中就有“春鲍、秋鲤、夏三黎”的说法，人们把选料看作菜肴制作的一个关键。为了使各种原料物尽其用，烹饪出色、香、味、形俱佳的菜肴，配菜时就必须熟悉原料及其各部位的特征。

2. 了解原料的市场供应情况

市场上供应的原料品种、数量、价格会受多方面因素的影响而发生变化。配菜人员必须掌握各方面的信息，通过了解原料的产地、市场供应情况、货源及价格等，选择质高价优的原料进行配菜。

3. 熟悉菜肴的名称及制作特点

我国菜肴样式繁多，各地区都有许多地方风味特色的菜肴，每一道菜肴也各有其制作特点、用料标准、刀工形态和烹饪方法。因此，配菜时必须对菜肴名称和制作特点了如指掌，这样才能根据菜名进行配菜。

4. 既精通刀工，又了解烹饪

配菜既是刀工的延续，又是烹饪的前提，是联系二者的纽带。只有精通刀工，才能熟悉原料加工的形状规格。同时，配菜人员还必须掌握一定的烹饪技术，懂得不同的火候和调味会使原料产生怎样的变化，以及各种烹饪方法的特点。只有充分了解这些变化与特点，才能掌握配菜的关键环节，使配制出来的菜肴合乎要求。

5. 具备卫生知识

配菜原料有生料、熟料、罐装料、腌渍原料等，原料的来源广，初加工方法较多，容易受到不同方面或程度的污染。特别是生料，使用前要严格检查原料是否合乎卫生要求，生熟原料要严格遵循分别放置的原则，配冷菜用的生料要认真进行清洗和消毒。

二、配菜的类型与方法

（一）配菜的类型

配菜可分为热菜配菜和冷菜配菜两种类型。

热菜配菜就是为烹制成热菜而进行配菜。热菜配菜是为了保证成品的色彩和造型美观。冷菜配菜就是将刀工处理好的熟料排在盘上成为成品。由于冷菜配菜需要直接完成成品的盘上造型，因此必须达到整齐、美观的要求，并确保食品卫生。

（二）配菜的基本方法

配菜的基本方法可以分为一般配菜与配筵席菜，两者虽然有档次上的差别，但是在配菜时都应充分考虑量、质、色、香、味、形、器以及营养等要素。

1. 量的配合

量的配合是指构成菜肴的各种原料按适当的数量比例进行搭配。普通菜肴数量的搭配，根据主料和辅料的用量比例大致可分为以下三种类型。

（1）配单一料。单一料是指由一种原料构成的菜肴。一般来说，绝大部分的菜肴原料都可以用作单一料。由于只使用一种原料，不需要其他原料来配合，因此配料方法相对简单。配单一料时，必须选用具有特色的、新鲜质优的原料。如作单一料用的是蔬菜原料，就必须选其鲜嫩部分；各种肉类原料则必须新鲜，而且刀工要精细。有些原料本身缺乏鲜味，如海参等，作为单一原料构成菜肴时，则应先以味道鲜美的原料与之同煨，使其鲜味增加。

（2）配主辅料。主辅料是指在一个菜肴中除了主要用料外，还配以一定数量的辅助原料。由主辅料组成的菜肴，主料一般多用动物性原料，辅料多用植物性原料。配料时应紧紧抓住主辅料的特点进行配搭，在质和量方面以主料为主，辅料对主料的色、香、味起衬托和补充作用，对主料的营养起调节作用，可使菜肴的营养成分更加全面。

（3）配多种原料。多种原料是指菜肴由两种或两种以上作主料的原料所组成，原料彼此不分主次，用量大致相等。多种原料的菜肴在菜名上往往都标有数字，如双脆、三鲜、四宝、五彩等。这种类型的配菜方法对各种原料之间色、香、味、形的配合要求比较严格。若组成菜肴的原料形态、色彩或口味浓淡相差较大，则配搭时在数量方面应作适当的调整，以达到菜肴在色、香、味、形方面协调的要求。

2. 质的配合

组成菜肴的原料品种繁多，质地各异，配菜时既要考虑到原料本身的性质，又要注意主辅料的搭配是否适合烹饪的要求。在由主辅料组成的菜肴中，原料配合一般遵循脆配脆、软配软、嫩配嫩的原则。例如，油泡双脆使用的鸭胗和肚仁都是韧中带脆的原料，经刀工和烹饪加热后性质都呈脆嫩；又如，以牛奶为主料，鸡蛋白、熟鸡肝、蟹肉等为辅料配成的菜肴大良炒牛奶，其主辅料都以嫩滑为主要特点，互相配合所烹成的菜肴就具备鲜香、嫩滑的特点。

3. 色的配合

菜肴的色彩是刺激人们感官、诱发食欲的主要因素之一。因为各种菜肴原料的颜色经过烹饪加热会相应发生变化，为了使菜肴达到色彩和谐、美观的效果，不同颜色的原料应该有适当的搭配比例。

色的配合方法一般有顺色搭配和异色搭配两种。顺色搭配一般要求主辅料取同一种颜色或两种尽可能接近的颜色，如鸡丝烩鱼肚、笋炒生鱼片等，主辅料都采用相近的颜色搭配，使菜肴的色彩清新、简洁。异色搭配是把几种不同颜色的原料互相搭配，组合成色彩艳丽的菜肴，这是一种较常用的搭配方法。配色时一般要求主辅料的颜色对比大些，比例适当，突出主料的颜色，辅料对主料起衬托、点缀的作用，使整个菜肴的颜色主次分明、色调和谐。例如，三色龙虾就是以红、白、绿三种颜色的原料进行搭配，菜肴色调鲜艳、明快。

4. 香与味的配合

菜肴的香味一般是通过加热调味后才能显现出来，但是大部分原料本身就具有独特的香味。配菜时，要熟悉各种原料所具有的香味，同时也要了解加热后的香味变化，注意保存或突出它们的香和味的特点。

（1）以主料的香味为主，辅料衬托主料的香味。这种配合在一般配菜中较为普遍，像新鲜的鸡、鱼、虾、肉、蟹等，味鲜香而纯正，配菜时应注意保持原料固有的香味，可配以葱、姜等增加其鲜香。

（2）以辅料的香味补充主料的不足。有些菜肴所用的主料，其本身的香味较淡，必须辅以香味浓厚的辅料。例如，涨发后的海参等原料，它们本身没有什么滋味，这就需要用上汤、火腿、鸡肉等辅料增添鲜香。主料的滋味过浓或油腻较大则应配以清淡的辅料，例如有些动物性原料与适量的蔬菜相配合味道会更为鲜香，就是这个道理。

5. 形的配合

原料经刀工处理后成为形状大小不同的物料，只有将它们适当配合，才能使菜肴的外形美观且适合烹饪方法的要求。

形似相配是形配合的原则，即丝配丝、条配条、片配片、丁配丁、块配块。配主辅料的菜肴时，为突出主料，辅料的规格应比主料略小一些。不分主辅的多种料搭配时，各种原料的形态应大致相似。

形的配合还必须适合烹饪方法的要求。使用加热时间较长的烹饪方法时，不宜配以形小的原料；而使用加热时间较短的烹饪方法时，就不应配以形体较大的原料。

6. 器的配合

器皿除了盛放菜肴外，还是一道菜肴是否美观不可缺少的组成部分。什么形态颜色的菜肴配什么颜色、形状的器皿都是有讲究的。因此，在配形配色的过程中，必须充分考虑器皿的因素，通过器皿来烘托菜肴的造型，提升菜品的档次，从而达到美化菜肴的目的。

7. 营养成分的配合

菜肴所含的营养成分，是衡量菜肴质量的重要标准。不同的原料或菜肴，其所含营养成分的种类及数量也不相同。为了使人们从菜肴中得到人体所需的营养素，配菜时必须考虑营养成分的适当配合。

第五章

饮食营养与卫生

第一节　动植物食物的营养价值

人体所需要的能量和营养素主要是靠食物获得。自然界供人类食用的食物种类繁多，根据其来源可分为植物性食物和动物性食物两大类。前者包括谷类、薯类、豆类、蔬菜、水果等，主要提供能量、蛋白质、碳水化合物、脂类、大部分维生素和矿物质；后者包括肉类、蛋类、乳类等，主要提供优质蛋白质、脂肪、脂溶性维生素和矿物质等。

各种食物由于其所含能量和营养素满足人体营养需要的程度不同，其营养价值也有所不同。所含营养素种类齐全、数量及其相互比例适宜、易被人体消化吸收利用的食物，营养价值相对较高；所含营养素种类不全，或数量欠缺，或比例不适当，或不易为人体消化吸收利用的食物，其营养价值相对较低。自然界中的食物都各具特色，其营养价值也各不相同。如谷类食物蛋白质中赖氨酸含量较少，其蛋白质营养价值相对较低，但谷类食物含有较多的矿物质、维生素和膳食纤维等；肉类中蛋白质的组成适合人体的需要，其营养价值较高，但脂肪组成中饱和脂肪酸比例较高，对患有心脑血管疾病、血脂过高的人不是很健康。

一、植物性食物的营养价值

自古以来，中国人除部分少数民族外，均以植物性食物为主。植物性食物除了能够提供人体所需的蛋白质、碳水化合物、脂类三大营养素外，大多数的维生素、矿物质和膳食纤维也靠植物性食物提供。

（一）谷类

谷类的种子含有发达的胚乳，主要由淀粉组成，在胚乳中储有充分的养分，供种胚发芽，长成下一代植物体。人类正是利用谷类的种子储藏的养分作为食粮，借以获得生命所必需的营养素。

1. 谷类的主要营养成分及组成特点

谷类蛋白质主要由谷蛋白、白蛋白、醇溶蛋白和球蛋白组成。谷类蛋白质的生物学价值不及动物性蛋白质。谷类的碳水化合物主要为淀粉，集中在胚乳的淀粉细胞中，含量在 70% 以上，是我国膳食能量供给的主要来源。谷类是膳食中 B 族维生素的重要来源，如维生素 B_1、维生素 B_2、烟酸、泛酸等。谷类加工越细，上述维生素损失就越多。

2. 合理储存

谷类在一定条件下可以储存很长时间，且质量不会发生变化。但当环境条件发生改变，如水分含量高、环境湿度大、温度较高时，谷粒内酶的活性增大，呼吸作用加强，使谷粒发热，促进霉菌生长，导致蛋白质、脂肪分解产物积聚，酸度升高，最后霉烂变质，失去食用价值。因此，谷类食物应在避光、通风、阴凉和干燥的环境中储存。

3. 常见谷类食物的营养价值

（1）稻谷。稻谷是世界上一半以上人口的主要食用谷类，我国的稻谷种植总产量居世界首位，约占世界稻谷总产量的 1/3。不同品种、不同类型的稻谷蛋白质含量不同，即使同一品种也因产地、种植条件不同而异，甚至同株谷穗上谷粒生长部位不同，其蛋白质含量也略有差异。稻谷中蛋白质含量一般为 7%~12%，大多在 10% 以下。值得注意的是，从营养角度上看，糙米或低精度的大米优于高精度大米。稻谷碳水化合物的含量一般在 77% 左右，主要存在于胚乳中。稻谷中脂类含量一般为2.6%~3.9%。相对糙米而言，高精度大米中维生素 B_1 的含量很低，长期食用高精度大米，会导致人体缺乏维生素 B_1。糙米中的矿物质含量要比大米高。从矿物质元素的角度进行评估，糙米的营养价值也优于高精度大米。

（2）小麦。小麦是世界上种植最广泛的作物之一，世界上有1/3以上的人口以小麦为主要食用谷类。小麦在我国的种植范围极为广泛，北自黑龙江漠河县，南到海南岛，西起新疆的塔什库尔干塔克自治县，东抵沿海各省都有小麦种植。

小麦蛋白质含量略高于稻谷，一般在10%以上，由清蛋白、球蛋白、麦醇溶蛋白（又称麦胶蛋白、醇溶麦谷蛋白）和麦谷蛋白组成。面筋复合物由两种主要的蛋白质组成，即麦胶蛋白和麦谷蛋白。麦胶蛋白是一大类具有类似特性的蛋白质，这类蛋白质的抗延伸性小或无，被认为是造成面团黏合性的主要原因。麦谷蛋白有弹性但无黏性，使面团具有抗延伸性。小麦碳水化合物含量为74%~78%，其主要形式是淀粉。小麦含有较多的B族维生素，如维生素 B_1、烟酸、泛酸等，还含有较多维生素E，其所含的矿物质也较为丰富，主要有钙、镁、锌、锰、铜等。

（3）玉米。玉米的生长适应性强，耐旱，种植范围很广，也是一种世界性的作物。玉米也是我国主要谷类之一，在我国粮食总产量中所占的比例仅次于稻谷和小麦，居第三位。

与大米和小麦粉相比，玉米蛋白质的生物价更低，主要原因是玉米蛋白质不仅赖氨酸含量低，而且色氨酸和苏氨酸也不高。在玉米粉中掺入一定量的食用豆饼粉，可提高玉米蛋白质的营养价值。在脂肪组成中，亚油酸的比例高于大米和小麦粉，达54%以上。

玉米中所含的烟酸多为结合型，不能被人体吸收利用。若在玉米食品中加入少量小苏打或食碱，能使结合型烟酸分解为游离型。嫩玉米中含有一定量的维生素C。玉米在加工时，可提取出玉米胚。玉米胚的脂肪含量丰富，出油率达16%~19%。玉米油是优质食用油，人体吸收率在97%以上。食用玉米油有助于降低人体血液中胆固醇的含量，对冠心病和动脉硬化症等有辅助疗效。玉米油中还含有丰富的维生素E。

（二）豆类及其制品

豆类可分为大豆和除此之外的其他豆类。其他豆类包括蚕豆、豌豆、绿豆、小豆等。豆制品是由大豆或绿豆等原料制作的半成品食物，如豆浆、豆腐、豆腐干等。

1. 豆类及其制品的主要营养成分及组成特点

（1）大豆。大豆蛋白质含量较高，脂肪含量中等，碳水化合物含量较低。大豆的蛋白质含量一般为 35%左右。蛋白质由球蛋白、清蛋白、谷蛋白及醇溶蛋白组成，其中球蛋白含量最高。蛋白质中含有人体所必需的全部氨基酸，属完全蛋白质，其中赖氨酸含量较多，但蛋氨酸较少，与谷类食物混合食用，可较好地发挥蛋白质的互补作用。大豆的脂肪含量为 15%~20%，以不饱和脂肪酸居多，其中油酸占 32%~36%，亚油酸占 51.7%~57.0%，亚麻酸占 2%~10%，此外尚有 1.64%左右的磷脂。由于大豆富含不饱和脂肪酸，所以是高血压、动脉粥样硬化等疾病患者的理想食物。大豆的碳水化合物的含量为 20%~30%，其组成比较复杂，多为纤维素和可溶性糖，几乎完全不含淀粉或含量极微，在体内较难消化，其中有些在人体大肠内成为细菌的营养素来源。

此外，大豆还含有丰富的维生素和矿物质，其中 B 族维生素和铁等的含量较高。大豆几乎不含维生素 C，但经发芽生成豆芽后，其含量明显提高。

（2）其他豆类。其他豆类蛋白质含量中等，脂肪含量较低，碳水化合物含量较高。其中，蛋白质含量为 20%，也属完全蛋白质；脂肪含量 1%左右；碳水化合物在 55%以上；维生素和矿物质的含量也很丰富。

（3）豆制品。豆制品包括豆浆、豆腐脑、豆腐、豆腐干、豆芽等。豆制品在加工过程中一般要经过浸泡、细磨、加热等处理，使其中所含的抗胰蛋白酶破坏，大部分纤维素被去除，因此消化吸收率明显提高。豆芽一般是以大豆和绿豆为原料制作的。在发芽前，其几乎不含维生素 C，但在发芽过程中，其所含的淀粉水解为葡萄糖，可进一步合成维生素 C。

2. 豆类及其制品的合理利用

不同加工和烹饪方法，对大豆蛋白质的消化率有明显的影响。整粒熟大豆的蛋白质消化率仅为 65.3%，但加工成豆浆可达 84.9%，豆腐可提高到

92%~96%。大豆中含有抗胰蛋白酶的因子，它能抑制胰蛋白酶的消化作用，使大豆难以分解为人体可吸收利用的各种氨基酸。但经过加热煮熟后，这种因子被破坏，消化率也随之提高，所以大豆及其制品须经充分加热煮熟后再食用。豆类中膳食纤维含量较高，特别是豆皮。因此，有人将豆皮经过处理后磨成粉，作为高纤维食材用于烘焙食品。将提取的豆类纤维加到缺少纤维的食物中，不仅能改善食物的松软性，而且有保健作用。

（三）蔬菜类

蔬菜按其结构及可食部分的不同，可分为叶菜类、根茎类、瓜茄类、鲜豆类和菌藻类，其所含的营养成分因其种类不同而差异较大。蔬菜是维生素和矿物质的主要来源，此外还含有较多的纤维素、果胶和有机酸，能刺激胃肠蠕动和消化液的分泌，因此它们还能促进人们的食欲并帮助消化。蔬菜在体内的最终代谢产物呈碱性，故称碱性食品，对维持体内的酸碱平衡起重要作用。

1. 蔬菜的主要营养成分及组成特点

（1）叶菜类。叶菜类主要包括白菜、菠菜、油菜、韭菜、苋菜等，是胡萝卜素、维生素 B_2、维生素 C 和矿物质及膳食纤维的良好来源。绿叶蔬菜和橙色蔬菜营养素含量较为丰富，特别是胡萝卜素的含量较高，也是维生素 B_2 的主要来源。国内一些营养调查报告表明，维生素 B_2 缺乏症的发生，往往同食用绿叶蔬菜不足有关。叶菜类蛋白质含量较低，一般为 1%~2%；脂肪含量不足 1%；碳水化合物含量为 2%~4%；膳食纤维约 1.5%。

（2）根茎类。根茎类主要包括萝卜、胡萝卜、荸荠、藕、山药、竹笋等。根茎类蔬菜蛋白质含量为 1%~2%；脂肪含量不足 0.5%；碳水化合物含量相差较大，低者 5% 左右，高者可达 20% 以上；膳食纤维的含量较叶菜类低，约 1%。胡萝卜含胡萝卜素最高，每 100 克中可含 4 130 微克。硒的含量以大蒜、芋艿、洋葱、马铃薯中最高。

（3）瓜茄类。瓜茄类主要包括冬瓜、南瓜、丝瓜、黄瓜、茄子、番茄、辣椒等。瓜茄类因水分含量高，营养素含量相对较低，蛋白质含量为 0.4%~1.3%；脂肪微量，碳水化合物为 0.5%~3.0%，膳食纤维含量一般。胡萝卜素含量以南瓜、番茄和辣椒中最高，维生素 C 含量以辣椒、苦瓜中较高，番茄是维生素 C 的良好来源。辣椒中还含有丰富的硒、铁和锌，是一种营养价值较高的食物。

（4）鲜豆类。鲜豆类主要包括毛豆、豇豆、四季豆、扁豆、豌豆等。与其他蔬菜相比，鲜豆类的营养素含量相对较高，蛋白质含量为 2%~14%，平均 4%左右，其中毛豆和上海出产的发芽豆可达 12%以上；脂肪含量不高，除毛豆外，均在 0.5%以下；碳水化合物为 4%左右；膳食纤维为 1%~3%；胡萝卜素含量普遍较高，每 100 克中的含量大多在 200 微克左右。此外，其还含有丰富的钾、钙、铁、锌、硒等。铁的含量以发芽豆、蚕豆、毛豆较高，每 100 克中含量在 3 毫克以上。锌的含量以蚕豆、豌豆和四季豆中较高，每 100 克中含量均超过 1 毫克。硒的含量以四季豆、龙豆、毛豆和蚕豆较高，每 100 克中的含量在 2 微克以上。鲜豆类蔬菜维生素 B_2 含量与绿叶蔬菜相似。

（5）菌藻类。菌藻类食物包括食用菌和藻类食物。食用菌是指供人类食用的真菌，有 500 多个品种，常见的有蘑菇、香菇、银耳、木耳等。藻类是无胚、自养、以孢子进行繁殖的低等植物，供人类食用的有海带、紫菜、发菜等。菌藻类食物富含蛋白质、膳食纤维、碳水化合物、维生素和微量元素。蛋白质含量以发菜、香菇和蘑菇最为丰富，在 20%以上，其蛋白质氨基酸组成比较均衡，必需氨基酸含量占蛋白质总量的 60%以上；脂肪含量低，1.0%左右；碳水化合物含量为 20%~35%，银耳和发菜中的含量较高，达 35%左右。胡萝卜素含量差别较大，在紫菜和蘑菇中含量丰富，其他菌藻中较低。维生素 B_1 和维生素 B_2 含量也比较高。微量元素含量丰富，尤其是铁、锌和硒，其含量是其他食物的数倍甚至十余倍。在海产植物中，如海带、紫菜等中还含有丰富的碘，每 100 克海带（干）中碘含量可达 36 毫克。

2. 蔬菜的合理利用

（1）合理选择。蔬菜含丰富的维生素，除维生素 C 外，一般叶部含量比根茎部高、嫩叶比枯叶高、深色的菜叶比浅色的高。因此，在选择蔬菜时，应注意选择新鲜、色泽深的蔬菜。

（2）合理加工与烹饪。蔬菜所含的维生素和矿物质易溶于水，所以宜先洗后切，以减少蔬菜与水和空气的接触面积，避免维生素和矿物质的流失。

洗好的蔬菜放置时间不宜过长，以避免维生素被氧化而遭到破坏，尤其要避免将切碎的蔬菜长时间地浸泡在水中。烹饪时要尽可能做到急火快炒。有实验表明，蔬菜煮 3 分钟，其中维生素 C 流失 5%，煮 10 分钟维生素 C 流失达 30%。为了减少流失，烹饪时可加少量淀粉，能有效避免维生素 C 的破坏。

（3）菌藻类食物的合理利用。菌藻类食物除了提供丰富的营养素外，还具有明显的保健作用。研究发现，蘑菇、香菇和银耳中含有多糖物质，具有提高人体免疫功能和抗肿瘤的作用。香菇中所含的香菇嘌呤，可抑制体内胆固醇的形成和吸收，能促进胆固醇的分解和排泄，有降血脂的作用。黑木耳能抗血小板聚集和降低血凝，减少血液凝块，防止血栓形成，有助于防治动脉粥样硬化。海带因含有大量的碘，临床上常用来治疗缺碘性甲状腺肿大。海带中的褐藻酸钠盐，有预防白血病和骨癌的作用。

此外，在食用菌藻类食物时，还应注意食品卫生，防止食物中毒。例如，银耳易被酵米面黄杆菌污染，食入被污染的银耳，可发生食物中毒。食用海带时，应注意用水洗泡，因海带中含砷较高，每千克可达 35~50 毫克，大大超过国家食品卫生标准（0.5 毫克 / 千克）。

（四）水果类

水果类可分为鲜果、干果、坚果和野果。水果与蔬菜一样，主要提供人体维生素和矿物质。水果属于碱性食品。

1. 鲜果和干果

鲜果种类很多，主要有苹果、橘子、桃、梨、杏、葡萄、香蕉和菠萝等。新鲜水果的水分含量较高，营养素含量相对较低，蛋白质、脂肪含量均不超过 1%；碳水化合物含量差异较大，低者为 6%，高者可达 28%。矿物质含量除个别水果外，相差不大。维生素 B_1 和维生素 B_2 含量也不高，胡萝卜素和维生素 C 含量因品种不同而异，其中含胡萝卜素最高的水果为柑、橘子、杏和鲜枣；含维生素 C 丰富的水果为鲜枣、草莓、橙、柑、柿子等。水果中的碳水化合物主要以双糖或单糖形式存在，所以食之甘甜。

干果是新鲜水果经过加工晒干制成，如葡萄干、杏干、蜜枣和柿饼等。由于受加工的影响，其维生素流失较多，尤其是维生素 C。但干果便于储运，并别具风味，有一定的食用价值。

2. 坚果

坚果是一类营养价值较高的食品，其共同特点是低水分含量和高能量，富含各种矿物质和B族维生素。从营养素含量而言，富含脂肪的坚果优于淀粉类坚果，然而因为坚果所含能量较高，虽为营养佳品，也不可过量食用，以免导致肥胖。

富含油脂的坚果其蛋白质含量多为12%~22%，其中有些蛋白质含量更高，如西瓜子和南瓜子蛋白质含量达30%以上。淀粉类坚果中以栗子的蛋白质含量最低，为4%~5%；芡实为8%左右；银杏和莲子则在12%以上，与其他含油坚果相当。总体来说，坚果是植物性蛋白质的重要补充来源，但其生物效价较低，需要与其他食物互补后方能发挥最佳的营养作用。脂肪是富含油脂坚果中极其重要的成分。这些坚果的脂肪含量通常达40%以上，其中澳洲坚果更高达70%以上。坚果当中的脂肪多为不饱和脂肪酸，富含必需脂肪酸，是优质的植物性脂肪。富含油脂的坚果中可消化碳水化合物含量较少，多在15%以下，如花生为5.2%，榛子为4.9%。富含淀粉的坚果则是碳水化合物的好来源，如银杏含淀粉为72.6%，干栗子为77.2%，莲子为64.2%。坚果的膳食纤维含量也较高，例如花生膳食纤维含量达6.3%，榛子为9.6%，中国杏仁更高达19.2%。此外，坚果还含有低聚糖和多糖类物质。富含油脂的坚果含有大量的维生素E，淀粉坚果含量低一些，然而它们同样含有较为丰富的水溶性维生素。坚果中含有相当数量的维生素C，如栗子和杏仁为25毫克/100克左右，可以作为膳食中维生素C的补充来源。另外，坚果富含钾、镁、磷、钙、铁、锌、铜等营养成分。

小提示：蔬果类卫生要求

1. 保持新鲜

为了避免腐败和亚硝酸盐含量过多，新鲜的蔬菜和水果最好不要长期保存，采收后及时食用不但营养价值高，而且新鲜、适口。如果一定要保存的话，应剔除有外伤的蔬菜和水果，并保持其外形完整，以小包装形式进行低温保存。

2. 清洗消毒

为了安全食用蔬菜，既要杀灭肠道致病菌和寄生虫卵，又要防止营养素的流失，最好的清洗消毒方法是先在流水中清洗，然后在沸水中进行极短时间的热烫。食用水果前也应彻底洗净，最好用沸水烫或洗洁精水浸泡后削皮再吃。

二、动物性食物的营养价值

动物性食物包括畜禽肉、蛋类、水产类和乳类及其制品。动物性食物是人体优质蛋白质、脂类、脂溶性维生素、B 族维生素和矿物质的主要来源。

（一）畜禽肉

从食物角度讲，肉类是指来源于热血动物且适合人类食用的所有部分的总称，它不仅包括动物的骨骼肌肉，还包括许多可食用的器官和脏器组织，如心、肝、肾、胃、肠、脾、肺、舌、脑、血、皮和骨等。畜禽肉则是指畜类和禽类的肉，前者指猪、牛、羊、兔、马等牲畜的肌肉、内脏及其制品，后者包括鸡、鸭、鹅、火鸡、鹌鹑、鸽等的肌肉、内脏及其制品。畜禽肉的营养价值较高，饱腹感强，可加工烹制成各种美味佳肴，是一种食用价值很高的食物。

1. 畜禽肉的主要营养成分及组成特点

（1）蛋白质。畜禽肉中的蛋白质含量为 10%~20%，因动物的种类、年龄、肥瘦程度以及部位而异。在畜肉中，猪肉的蛋白质平均含量在 13.2%左右，牛肉高达 20%，羊肉介于猪肉和牛肉之间，兔肉的蛋白质含量也达到 20%左右。在禽肉中，鸡肉的蛋白质含量较高，约 20%；鸭肉约 16%；鹅肉约 18%；鹌鹑的蛋白质含量也高达 20%。动物不同部位的肉，因肥瘦程度不同，其蛋白质含量差异较大。例如，猪通脊肉的蛋白质含量约为 21%，后臀尖约为 15%，肋条肉约为 10%，奶脯肉仅为 8%；牛通脊肉的蛋白质含量为 22%左右，后腿肉约为 20%，腑肋肉约为 18%，前腿肉约为 16%；羊前腿肉的蛋白质含量约为 20%，后腿肉约为 18%，通脊和胸腑肉约为 17%；鸡胸肉的蛋白质含量约为20%，鸡翅约为17%。畜禽肉的蛋白质为完全蛋白质，含有人体所必需的各种氨基酸，并且必需氨基酸的构成比例接近人体需要，因此易被人体充分利用，营养价值高，属于优质蛋白质。畜禽的皮肤和筋腱主要由结缔组织构成，结缔组织的蛋白质含量为35%~40%，而其中绝大部分为胶原蛋白和弹性蛋白。例如，猪皮含蛋白质28%~30%，其中85%是胶原蛋白。由于胶原蛋白和弹性蛋白缺乏色氨酸和蛋氨酸等人体必需氨基酸，为不完全蛋白质，因此以猪皮和筋腱为主要原料的食品（如膨化猪皮、猪皮冻、蹄筋等）的营养价值较低，需要和其他食物配合，补充必需的氨基酸。

骨是一种坚硬的结缔组织，其中的蛋白质含量约为20%，骨胶原占有很大比例，为不完全蛋白质。骨可被加工成骨糊添加到肉制品中，以充分利用其中的蛋白质。畜禽血液中的蛋白质含量分别为猪血约12%、牛血约13%、羊血约7%、鸡血约8%、鸭血约8%。畜禽血血浆蛋白质含有8种人体必需氨基酸和组氨酸，营养价值高，其赖氨酸和色氨酸含量高于面粉，可以作为蛋白强化剂添加在各种食物和餐菜中；血细胞部分可应用于香肠的生产，其氨基酸组成与胶原蛋白相似。

（2）脂肪。脂肪含量因动物的品种、年龄、肥瘦程度、部位等不同有较大差异，低者为2%，高者可达89%以上。在畜肉中，猪肉的脂肪含量最高，羊肉次之，牛肉最低。例如，猪瘦肉中的脂肪含量为6.2%，羊瘦肉为3.9%，而牛瘦肉仅为2.3%。兔肉的脂肪含量也较低，为2.2%。在禽肉中，火鸡和鹌鹑的脂肪含量较低，在3%以下；鸡和鸽子的脂肪含量类似，为14%~17%；鸭和鹅的脂肪含量达到20%左右。

畜肉脂肪组成以饱和脂肪酸为主，主要由硬脂酸、棕榈酸和油酸等组成，熔点较高。禽肉脂肪含有较多的亚油酸，熔点低，易于消化吸收。胆固醇含量在瘦肉中较低，每100克含70毫克左右，肥肉比瘦肉高90%左右，内脏中胆固醇含量更高，一般约为瘦肉的3~5倍。必需脂肪酸的含量与组成是衡量食物油脂营养价值的重要方面。动物脂肪所含有的必需脂肪酸明显低于植物油脂，因此其营养价值低于植物油脂。在动物脂肪中，禽类脂肪所含必需脂肪酸的量高于畜类脂肪；畜类脂肪中，猪脂肪的必需脂肪酸含量又高于牛、羊等反刍动物的脂肪。总体来说，禽类脂肪的营养价值高于畜类脂肪。

（3）碳水化合物。畜禽肉中的碳水化合物含量为1%~3%，平均1.5%，主要以糖原的形式存在于肌肉和肝脏中。动物在宰前过度疲劳，糖原含量下降；宰后放置时间过长，也可因酶的作用，使糖原含量降低，乳酸相应增高。

（4）矿物质。畜禽肉中矿物质的含量一般为0.8%~1.2%，瘦肉中的含量高于肥肉，内脏高于瘦肉。铁的含量为5毫克/100克左右，以猪肝最丰富。畜禽肉中的铁主要以血红素形式存在，消化吸收率很高。畜禽内脏还含有丰富的锌和硒。牛肾和猪肾的硒含量是其他一般食品的数十倍。此外，畜禽肉还含有较多的磷、硫、钾、钠、铜等，钙的含量虽然不高，但吸收利用率很高。禽类的肝脏中富含多种矿物质，且平均水平高于禽肉，肝脏和血液中铁的含量十分丰富，高达10~30毫克/100克，可称铁的最佳膳食来源。禽类的心脏和胗也是含矿物质非常丰富的食物。

（5）维生素。畜禽肉可提供多种维生素，主要以B族维生素和维生素A为主。内脏维生素含量比肌肉中多，其中肝脏的含量最为丰富，特别富含维生素A和维生素B_2，维生素A的含量以牛肝和羊肝为最高，维生素B_2含量则以猪肝中最丰富。在禽肉中还含有较多的维生素E。

2. 畜禽肉的合理利用

畜禽肉的蛋白质营养价值较高，含有较多的赖氨酸，宜与谷类食物搭配食用，以发挥蛋白质的互补作用。为了充分发挥畜禽肉的营养作用，还应注意将畜禽肉分散到每餐膳食中。畜肉的脂肪和胆固醇含量较高，脂肪主要由饱和脂肪酸组成，食用过多易引起肥胖和高脂血症等疾病，因此膳食中畜肉的比例不宜过多。但是禽肉的脂肪含不饱和脂肪酸较多，因此老年人及心脑血管疾病患者宜选用禽肉。其内脏含有较多的维生素、铁、锌、硒、钙，特别是肝脏，维生素B_2和维生素A的含量丰富，因此宜经常食用。

（二）蛋类

蛋类包括鸡蛋、鸭蛋、鹅蛋、鹌鹑蛋、鸽蛋、火鸡蛋等及其加工制成的咸蛋、松花蛋等蛋制品。蛋类的营养素含量不仅丰富，而且质量也很好，是一类营养价值较高的食物。

1. 蛋类的结构

蛋类的结构基本相似，主要由蛋壳、蛋清和蛋黄三部分组成。蛋壳位于蛋的最外层，在蛋壳最外面有一层水溶性胶状黏蛋白，对防止微生物进入蛋内和蛋内水分及二氧化碳过度向外蒸发起着保护作用。当蛋生下来时，这层膜即附着在蛋壳的表面，它外观无光泽，呈霜状，根据此特征，可鉴别蛋的新鲜程度。如蛋外表面呈霜状，无光泽而清洁，表明蛋是新鲜的；如无霜状物，且油光发亮、不清洁，说明蛋已不新鲜。由于这层膜是水溶性的，在储存时要防潮，不能水洗或被雨淋，否则会很快变质腐败。蛋清位于蛋壳与蛋黄之间，主要是卵白蛋白，遇热、碱、醇类发生凝固，遇氯化物或某些化学物质，浓厚的蛋白则水解为水样的稀薄物。根据这种性质，蛋可加工成松花蛋和咸蛋。蛋黄呈球形，由两根系带固定在蛋的中心。随着保管时间的延长和外界温度的升高，系带逐渐变细，最后消失，蛋黄随系带变化，逐渐上浮贴壳。由此也可鉴别蛋的新鲜程度。

2. 蛋类的主要营养成分及组成特点

蛋的微量营养成分受到品种、饲料、季节等多方面因素的影响，但蛋中大量营养素含量总体上基本稳定，各种蛋的营养成分有共同之处。

（1）蛋白质。蛋类的蛋白质含量一般在10%以上。全鸡蛋蛋白质的含量为12%左右，蛋清中略低，蛋黄中较高，加工成咸蛋或松花蛋后，变化不大。蛋清当中所含的蛋白超过40种。蛋黄中的主要蛋白质是与脂类相结合的脂蛋白和磷蛋白，均具有良好的乳化性质，故而可成为色拉酱的主要原料。蛋黄中的蛋白质也具有受热形成凝胶的性质，因此在煮蛋、煎蛋时成为凝固状态。蛋黄凝固点高于蛋清，凝固速度较慢，因此在烹饪时，蛋黄似乎较难凝固。蛋类的蛋白质氨基酸组成与人体需要最接近，因此生物价也最高，达94，是其他食物蛋白质的1.4倍左右。蛋白质中赖氨酸和蛋氨酸含量较高，和谷类和豆类食物混合食用，可弥补其赖氨酸或蛋氨酸的不足。

（2）脂类。蛋清中含脂肪极少，蛋的98%的脂肪存在于蛋黄当中。蛋黄中的脂肪几乎全部以与蛋白质结合良好的乳化形式存在，因而消化吸收率高。鸡蛋黄中脂肪含量为28%~33%，其中中性脂肪含量占62%~65%，磷脂占30%~33%，固醇占4%~5%，还有微量脑苷脂类。蛋黄中性脂肪的脂肪酸中，以单不饱和脂肪酸油酸最为丰富，占50%左右，亚油酸约占10%，其余主要是硬脂酸、棕榈酸和棕榈油酸，含微量花生四烯酸。蛋黄是磷脂的极好来源，所含卵磷脂具有降低血胆固醇的效果，并能促进脂溶性维生素的吸收。蛋类胆固醇含量极高，主要集中在蛋黄，其中鹅蛋黄含量最高，每100克达1 696毫克，是猪肝的7倍、肥猪肉的17倍，加工成咸蛋或松花蛋后，胆固醇含量无明显变化。

（3）碳水化合物。蛋类的碳水化合物含量极低，大约为1%，分为两种状态存在，一部分与蛋白质相结合而存在，含量为0.5%左右；另一部分游离存在，含量约为0.4%。

（4）矿物质。蛋类的矿物质主要存在于蛋黄部分，蛋清部分含量较低。蛋黄中含矿物质1.0%~1.5%，其中磷最为丰富，为240毫克/100克，钙为112毫克/100克。蛋黄是多种微量元素的良好来源，包括铁、硫、镁、钾、钠等。蛋类所含铁元素数量较高，但以非血红素铁形式存在，但蛋黄中铁的生物利用率较低，仅为3%左右。

不同禽类所产蛋中矿物质含量有所差别。其蛋黄中铁、钙、镁、硒的含量排序为鹅蛋、鸭蛋、鸽蛋、洋鸡蛋、草鸡蛋；蛋白中含量排序为鸭蛋、鸽蛋、鹅蛋、洋鸡蛋、草鸡蛋。消费者通常认为草鸡蛋营养素含量更高，然而分析结果表明，洋鸡蛋的微量元素含量略高于草鸡蛋，这可能与饲料当中所提供的矿物质更为充足有关。蛋中的矿物质含量受饲料因素影响较大。饲料中硒含量上升，则蛋黄中硒含量增加，所添加的有机硒更容易在蛋黄中积累。添加有机锰可增加蛋黄中的锰含量。通过调整饲料成分，目前市场上已有富硒蛋、富碘蛋、高锌蛋、高钙蛋等特种鸡蛋或鸭蛋销售。

（5）维生素和其他微量活性物质。蛋类维生素含量十分丰富，且品种较为完全，包括所有的B族维生素、维生素A、维生素D、维生素E、维生素K和微量的维生素C。其中绝大部分的维生素A、维生素D、维生素E和大部分维生素B_1都存在于蛋黄当中。鸭蛋和鹅蛋的维生素含量总体而言高于鸡蛋。此外，蛋中的维生素含量受到品种、季节和饲料的影响。在0 ℃保存鸡蛋一个月对维生素A、维生素D、维生素B_1无影响，但维生素B_2、烟酸和叶酸分别有14%、17%和16%的流失。煎鸡蛋和烤蛋时，蛋中的维生素B_1、维

生素 B_2 流失率分别为 15%和 20%，而叶酸流失率最大，可达 65%。煮鸡蛋几乎不引起维生素的流失。

3. 蛋类的合理利用

一般不可生食蛋清。烹饪蛋类时，不宜过度加热，否则会使蛋白质过分凝固，甚至变硬变韧，形成硬块，反而影响食欲及消化吸收。蛋黄中的胆固醇含量很高，大量食用能引起高脂血症，是动脉粥样硬化、冠心病等疾病的危险因素，但蛋黄中还含有大量的卵磷脂，对心脑血管疾病有防治作用。因此，吃鸡蛋要适量，据研究，每人每日吃 1~2 个鸡蛋，对血清胆固醇水平既无明显影响，又可发挥鸡蛋其他营养成分的作用。

（三）水产类

水产动物种类繁多，全世界仅鱼类就有 2.5 万 ~3.0 万种，海产鱼类超过 1.6 万种，从巨大的鲸鱼到游动的小虾，都具有丰富的营养价值。这些丰富的水产资源作为高生物价的蛋白、脂肪和脂溶性维生素来源，在人类的营养领域具有重要作用。

1. 鱼类

按照鱼类生活的环境，可以把鱼分为海水鱼（如鲱鱼、鳕鱼、狭鳕鱼等）和淡水鱼（如鲤鱼、鲑鱼）；根据生活的海水深度，海水鱼又可以分为深水鱼和浅水鱼。按体形分，可以把鱼简单地分为圆形（如鳕鱼、狭鳕鱼）和扁形（大菱鲆、太平洋鲽鱼）两种。

（1）鱼类主要营养成分及组成特点。鱼类蛋白质含量为 15%~20%，平均为 18%左右，除了蛋白质外，鱼类还含有较多的其他含氮化合物，主要有游离氨基酸、肽、胺类、嘌呤类和脲等。

鱼类脂肪含量为 1%~10%，平均为 5%左右，呈不均匀分布，主要存在于皮下和脏器周围，肌肉组织中含量甚少。鱼类脂肪多由不饱和脂肪酸组成，一般占 60%以上，熔点较低，通常呈液态，消化率为 95%左右。鱼类中的 ω-3 不饱和脂肪酸存在于鱼油中，主要是二十碳五烯酸（EPA）和二十二碳六烯酸（DHA）。EPA 与 DHA 可以在动物体内由亚麻酸转化而来，但速度非常缓慢，而在一些海水鱼类和藻类中却可以大量转化。研究发现，EPA 具有抑制血小板形成的作用；EPA 与 DHA 不仅可以降低低密度脂蛋白，升高高密度脂蛋白，而且具有抗癌作用。EPA 与 DHA 在冷水鱼中含量较高。研究发现，大型洄游性鱼的眼窝脂肪中 DHA 含量高，其含量占总脂肪酸的 30%~40%。

鱼类碳水化合物的含量较低，为 1.5%左右。有些鱼不含碳水化合物，如鲳鱼、鲢鱼、银鱼等，碳水化合物的主要存在形式是糖原。

鱼类矿物质含量为 1%~2%，其中锌的含量极为丰富，此外，钙、钠、氯、钾、镁等含量也较多，其中钙的含量多于禽肉，但钙的吸收率较低。海产鱼类富含碘，有的海产鱼每千克含碘 500~1 000 微克，而淡水鱼每千克含碘仅为 50~400 微克。

鱼油和鱼肝油是维生素 A 和维生素 D 的重要来源，也是维生素 E（生育酚）的一般来源。多脂的海鱼肉也含有一定数量的维生素 A 和维生素 D，维生素 B_1、维生素 B_2、烟酸等的含量也较高，而维生素 C 含量则很低。一些生鱼制品中含有硫胺素酶和催化硫胺素降解的蛋白质，因此大量食用生鱼可能造成维生素 B_1 的缺乏。

（2）鱼类安全食用的卫生措施。鱼类因水分和蛋白质含量高，结缔组织少，所以较畜禽肉更易腐败变质，特别是青皮红肉鱼，如鲐鱼、金枪鱼，组氨酸含量高，所含的不饱和双键极易被氧化破坏，能产生脂质过氧化物，对人体有害。因此，鱼类一定要妥善保存。

有些鱼含有极强的毒素，如河豚，其肉质虽细嫩且味道鲜美，但其卵、卵巢、肝脏和血液中均含有极毒的河豚毒素，若不会加工处理，可引起食用者急性中毒而死亡。故无经验的人，千万不要“拼死吃河豚”。

2. 软体动物类

软体动物按其形态不同，可以分为双壳类软体动物和无壳类软体动物两大类。双壳类软体动物包括蛤类、牡蛎、贻贝、扇贝等；无壳类软体动物包括章鱼、乌贼等。软体动物含有丰富的蛋白质和微量元素，某些软体动物还含有较多的维生素 A 和维生素 E，且脂肪和碳水化合物含量普遍较低。蛋白质中含有全部的氨基酸，其中酪氨酸和色氨酸的含量比牛肉和鱼肉都高。在贝类肉质中还含有丰富的牛磺酸，贝类中牛磺酸的含量普遍高于鱼类，其中尤以海螺、毛蚶和杂色蛤为最高，每百克新鲜可食部中含有500~900毫克。软体动物微量元素的含量以硒最为突出，其次是锌，此外还含有碘、铜、锰、镍等。

（四）乳类及其制品

乳类是指动物的乳汁，经常被人食用的是牛乳和羊乳。乳类经浓缩、发酵等工艺可制成奶制品，如奶粉、酸奶、炼乳等。乳类及其制品具有很高的营养价值，对人来说是非常好的营养食物。

1. 乳类及其制品的营养成分及组成特点

乳类及其制品几乎含有人体需要的所有营养素，除维生素C含量较低外，其他营养素含量都比较丰富。牛乳中的蛋白质含量比较恒定，为3.0%左右，含氮物的5%为非蛋白氮。传统上将牛乳蛋白质划分为酪蛋白和乳清蛋白两类。酪蛋白约占牛乳蛋白质的80%，乳清蛋白约占乳蛋白质的20%。牛乳蛋白质为优质蛋白质，生物价为85，容易被人体消化吸收。

羊乳的蛋白质含量为1.5%，低于牛乳；蛋白质当中酪蛋白的含量较牛乳略低，但更容易消化。

牛乳含脂肪2.8%~4.0%，磷脂含量为20~50毫克/100毫升，胆固醇含量约为13毫克/100毫升。乳脂肪以微细的脂肪球状态分散于牛乳汁中，每毫升牛乳中约有脂肪球20亿~40亿个，平均直径为3微米。羊乳中的脂肪球大小仅为牛乳的1/3，而且大小均一，容易消化吸收。

乳类碳水化合物含量为3.4%~7.4%，人乳中含量最高，羊乳居中，牛乳最少。碳水化合物的主要形式为乳糖。由于乳糖可促进钙等矿物质的吸收，也为婴儿肠道内双歧杆菌的生长所必需，对于婴儿的生长发育具有特殊的意义。但对于部分不经常饮奶的成年人来说，体内乳糖酶活性过低，大量食用乳制品可能引起乳糖不耐受现象的发生。

牛乳中的矿物质主要包括钠、钾、钙、镁、氯、磷、硫、铜、铁等，大部分与有机酸结合形成盐类，少部分与蛋白质结合或吸附在脂肪球膜上。其中碱性元素略多，因而牛乳为弱碱性食品。发酵乳中钙含量高并具有较高的生物利用率，为膳食中最好的天然钙来源。

牛乳中含有几乎所有种类的维生素，包括维生素 A、维生素 D、维生素 E、维生素 K、各种 B 族维生素和微量的维生素 C。只是这些维生素的含量差异较大。总体来说，牛乳是 B 族维生素的良好来源，特别是维生素 B_2。脂溶性维生素存在于牛乳的脂肪部分中，而水溶性维生素存在于水相。

由于羊的饲料中青草比例较大，故而羊乳中的维生素 A 含量高于牛乳。羊乳中多数 B 族维生素含量比较丰富，但其中叶酸及维生素 B_{12} 含量低，所以不适合 1 岁以下婴幼儿作为主食；对于成年人来说，由于饮食品种丰富，叶酸及维生素 B_{12} 有其他来源供应，故而可以放心饮用羊乳。

2. 乳制品

乳制品主要包括炼乳、奶粉、酸奶、干酪和乳饮料等。因加工工艺不同，乳制品营养成分有很大差异。

（1）炼乳。炼乳为浓缩奶的一种，分为淡炼乳和甜炼乳。淡炼乳是新鲜奶经低温真空条件下浓缩，除去约 2/3 的水分，再经灭菌而成。因受加工的影响，维生素遭受一定的破坏，因此常用维生素加以强化，按适当的比例冲稀后，营养价值基本与鲜奶相同。淡炼乳在胃酸作用下，可形成凝块，便于消化吸收，适合婴幼儿和对鲜奶过敏者食用。甜炼乳是在鲜奶中加约 15% 的蔗糖后按上述工艺制成，其中糖含量可达 45% 左右。因糖分过高，需经大量水冲淡，营养成分相对下降，不宜供婴幼儿食用。

（2）奶粉。奶粉是经脱水干燥制成的粉。根据食用目的，可制成全脂奶粉、脱脂奶粉、调制奶粉等。全脂奶粉是将鲜奶浓缩除去 70%~80% 水分后，经喷雾干燥或热滚筒法脱水制成。喷雾干燥法所制奶粉粉粒小、溶解度高、无异味、营养成分损失少、营养价值较高。热滚筒法生产的奶粉颗粒较大、不均，溶解度小，营养成分损失较多，一般全脂奶粉的营养成分为鲜奶的 8 倍左右。

脱脂奶粉是将鲜奶脱去脂肪，再经上述方法制成的奶粉。此种奶粉含脂肪仅为 1.3%，脱脂过程使脂溶性维生素损失较多，其他营养成分变化不大。调制奶粉又称母乳化奶粉，是以牛乳为基础，参照人乳组成的模式和特点，进行调整和改善，使其更适合婴幼儿的生理特点和需要。

（3）酸奶。酸奶是在消毒鲜奶中接种乳酸杆菌并使其在控制条件下生长繁殖而制成的，更易消化吸收，其乳糖减少，使乳糖酶活性低的成人易于接受。酸奶维生素 A、维生素 B_1、维生素 B_2 等的含量与鲜奶含量相似，但叶酸含量却增加了 1 倍，胆碱也明显增加。此外，酸奶的酸度增加，有利于维生素的保护。乳酸菌进入肠道可抑制一些腐败菌的生长，调整肠道菌相，防止腐败胺类对人体产生不良作用。

（4）干酪。干酪也称奶酪，为一种营养价值很高的发酵乳制品，是在原料乳中加入适量的乳酸菌发酵剂或凝乳酶，使蛋白质发生凝固，并加盐，压榨排除乳清之后的产品。

（5）乳饮料。严格来说，乳饮料不属于乳制品范畴，其主要原料为水和牛乳。乳饮料、乳酸饮料和乳酸菌饮料均为蛋白质含量大于等于 1.0 的含乳饮料，其中配料为水、糖或甜味剂、果汁、有机酸、香精等。

总体来说，乳饮料的营养价值低于液态乳类产品，蛋白质含量约为牛乳的 1/3，但因其风味多样、味甜可口，受到儿童和青年的喜爱。

3. 乳类及其制品食用卫生安全措施

鲜奶水分含量高，营养素种类齐全，十分有利于微生物的生长繁殖，因此须经严格消毒灭菌后方可食用。消毒方法常用煮沸法和巴氏消毒法。煮沸法是将奶直接煮沸，其操作简单，可达到消毒的目的，但对奶的理化性质影响较大，营养成分有一定损失。大规模生产时采用巴氏消毒法。

此外，奶应避光保存，以保护其中的维生素。研究发现，鲜牛奶经日光照射 1 分钟后，B 族维生素很快消失，维生素 C 也所剩无几。即使在微弱的阳光下，经 6 小时照射后，牛奶中的 B 族维生素也仅剩一半，而在避光器皿中保存的牛奶不仅维生素没有消失，而且能保持其特有的鲜味。

第二节　合理烹调

合理营养是通过合理烹调来实现的。在选择烹调原料、调配膳食、烹调加工时，都要考虑合理营养和合理的烹调方法，以充分发挥食物各种营养素的效能。

一、合理营养的烹调原则

（一）平衡膳食

人体需要的各种营养成分，对于每个人来说，是各不相同的。青年人和体力劳动者活动量大，能量和营养成分消耗多，因此，应适当增加含热量高的脂肪性食物，如肉类、豆制品等菜肴。儿童因处在发育时期，应注意增加含维生素和无机盐丰富的食品，如豆腐、水产品和蛋类菜肴。脑力劳动者则不宜过多地食用脂肪含量高的食品，因脂肪过多消耗不了而造成皮下积累，使人发胖。人到中年以后，由于活动量减少，若不相应地改变食物构成也会发胖，应多食用一些含蛋白质、维生素、无机盐较多的蛋类、豆制品、蔬菜、水果等。

追求平衡膳食应遵循合理的膳食制度。每日三餐，并制定用餐时间和内容，要根据不同的个体情况合理安排食谱。食谱要讲究用料广而杂，各种营养成分摄入的数量可以根据实际需求进行设计。如热能分配，正常人早餐占全天总热能的25%~30%，午餐占全天总热能的40%，晚餐占全天总热能的30%~35%比较合理。

（二）合理配菜

常用的菜肴原料中，其所含的营养成分不是全面的，而是各有侧重。如猪肉含蛋白质、脂肪、无机盐较为丰富，但缺少糖与维生素；豆制品中含蛋白质、无机盐较为丰富，但缺少维生素C；某些蔬菜无机盐、维生素C含量十分丰富，但缺乏维生素B_2。合理配菜能使各种原料的营养成分互为补充，从而提高菜肴的营养成分。具体要做到少配“单料菜”，在主料中搭配辅料，特别是搭配蔬菜、瓜果类，这样能增补主料所含营养成分的不足和缺陷。如红烧肉加土豆或者萝卜、炒鸡蛋加番茄等。同时要适当改变“主辅料”菜的比例，这主要是酌情增大蔬菜在整个菜肴中所占的比例，以充分发挥蔬菜的营养价值。

二、营养素在烹调中发生的主要变化

食物原料中所含的各种营养素在加工、烹调过程中，受到温度、水、酸、碱、盐、空气中的氧、食物原料本身存在的各种酶的作用，会发生一系列理化变化，或改变形状，或产生新的物质，或减少数量等。相同的原料通过不同的加工和烹调方法，所制成的食物会有不同的风味特点，这是由于营养素在不同的物理因素和化学因素影响下发生了不同变化所致。

（一）蛋白质在烹调过程中的变化

1. 蛋白质的膨润

蛋白质含量丰富的干货原料，在水发过程中，水分渗透到蛋白质中，使蛋白质体积膨胀，这就是蛋白质的膨润现象。蛋白质的膨润能使食物原料的质地变得柔软。

2. 蛋白质的变性和水解

蛋白质在温度、酸、碱、有机溶剂、机械作用、紫外线等物理化学因素作用下，其内部的分子高度规则性排列发生了变化，使蛋白质改变了原来的性质，这就是蛋白质的变性。原料内蛋白质的变性，有利于人体对蛋白质的消化吸收，也可形成菜品特殊的形态、口感和味道。例如，肉料须经加热至蛋白质变性才能成熟。成熟的肉与生肉相比，无论在形态、口感，还是味道方面，都有极大的改善。肉料蛋白质变性后，若继续加热会发生水解，形成多肽，这些多肽类物质进一步水解，最后分解成各种氨基酸溶于汤汁中，使汤汁鲜美。

3. 蛋白质的亲水性

蛋白质分子和水的亲和力很大，使蛋白质分子之间被水膜隔开。食物原料中的蛋白质受热后逐渐变性凝固，同时由于亲水胶体体系受到破坏而发生脱水现象，使食物原料总重量减少。

4. 蛋白质由溶胶变凝胶

在某些情况下，蛋白质会从溶胶变成凝胶状态。如鸡蛋蛋白质在水中成溶胶状态，加热后成凝胶。动物的结缔组织（如蹄筋），经长时间加热后，由于水解，溶于水成溶液，冷却后（15 ℃以下）成凝胶。

（二）脂肪在烹调过程中的变化

1. 脂肪水解和酯化

食物中的脂肪在长时间的慢火烹调过程中发生部分水解反应，生成脂肪酸和甘油，使汤汁具有诱人的肉香味。当脂肪酸遇到料酒等调味料时，又与料酒中的乙醇发生酯化反应，生成具有芳香气味的酯类物质。

2. 脂肪高温缩合

油脂分子在高温中会脱水缩合成分子量较大的聚合物，有些聚合物带有不同程度的毒性。在高温下，脂溶性维生素和必需脂肪酸易被氧化破坏。油脂加热温度最好控制在 200 ℃以下，以减少有害物质的生成。

（三）糖类在烹调过程中的变化

1. 淀粉糊化

把加了水的淀粉加热时，淀粉吸水膨胀，使淀粉颗粒内部分离、破裂、互相黏结，形成糊状，这就是淀粉的糊化。勾芡、推羹、上浆、上粉、拌湿粉等，就是利用淀粉糊化来达到预期的效果。糊化淀粉在室温下冷却或淀粉凝胶经长时间放置会变得不透明甚至生成沉淀，此现象称为淀粉老化。淀粉老化后不易为人体消化。

2. 焦糖化

双糖受热后，当达到一定温度时会失水缩合，生成多种成分的黑褐色物质，这就是焦糖反应。不同的糖或糖的不同浓度，焦糖反应后会产生不同的色泽；不同的加热温度或不同的加热时间，将使糖的焦化程度不同，因此着糖的食物呈现出的色泽就有深浅的区别。随温度的升高和加热时间的延长，糖色就由浅红、深红直至黑色。糖的这一变化广泛用于烧烤、油炸等食物的烹制，能使菜品色泽红亮、气味芳香。

（四）矿物质在烹调过程中的变化

肉料中矿物质在烹调过程中较多地溶于汤汁中，其流失的大致情况如下：

钾：64.4%，钙：22.5%；

钠：62.5%，镁：11.5%；

铝：58%，锰：10.3%；

氯：41.7%，硫：7.3%；

磷：32%，铁：6%。

（五）维生素在烹调过程中的变化

烹调时，由于原料受热和各种因素的作用，会造成维生素不同程度的损失，又以维生素 C 最易流失。

1. 维生素因溶解而损失

原料中某些维生素易溶于水，若烹调中使用了较多的水，会使食物中的维生素含量减少。

2. 维生素因加热而损失

加热可使维生素分解而被破坏。加热时间越长、温度越高，维生素的流失就越多。水溶性维生素对热的稳定性差，遇热易分解。脂溶性维生素尚稳定，但易氧化。维生素在高温或紫外线照射下氧化速度加快。

3. 维生素因氧化而流失

某些维生素（维生素 A、维生素 C、维生素 E 等）遇空气易氧化分解而被破坏。

4. 维生素因加碱而流失

多数维生素在酸性环境中比较稳定，而在碱性环境中很容易被分解，如维生素 E 在碱性条件下加热会使其完全被破坏。做面点加碱，面点中的维生素 B_1 损失也很大。在加碱的条件下，食物中的维生素 C 会被严重破坏。

5. 维生素因加酸而流失

维生素 K、维生素 C 等对酸都很敏感。

三、烹调中对营养素的保护

保护食物中的营养素是指人们在把食物原料制成成品时，采用各种有效的手段，使原料中的营养素不受流失或减少流失，以保持或提高食品的营养价值，提高食物的消化、吸收和利用率。保护营养素主要可以从加工、配菜和烹调三个环节进行。

（一）食材加工与切配

1. 食材清洗

清洗可除去原料的污秽、杂物、寄生虫、虫卵等，减少微生物和残留的农药，达到清洁卫生的目的。但清洗的方法不对、次数过多，都会造成营养素的流失或破坏营养素。因此，要注意在洗净的前提下，次数要尽量少，避免用力搓洗、用热水洗或切成小块洗，应整体洗净后再切。

2. 食材切配

原料切开或切成小块后，易氧化的营养素与空气变得容易接触。易氧化的营养素因氧化而被破坏的机会增大，水溶性营养素也会随汁液的渗出而流失。因此，原料的切配准备应做到计划细致、现切现烹、合理加工、做好保管。对切成小块的植物原料或蓉状原料不宜再洗。

3. 初步熟处理

一些原料，特别是蔬菜在烹调前常常要经过滚、煨、飞水等处理。加工时，要尽量用滚沸的水，且要用猛火。这样能缩短加热时间，减少维生素因受热被破坏的损失。同时，高温能有效抑制氧化酶的活性，避免了营养素被氧化。

自然界的食物原料种类繁多，而每一种原料所含营养素的种类和数量是有差异的，没有一种原料能单独满足人体所需的营养素。因此，原料合理搭配组合，不仅能提高菜品色、香、味、形、口感的质量等级，而且能改善菜品所含营养素的种类及数量，也有利于保护营养素。如有些肉类含有谷胱甘肽，它有保护维生素 C 的作用，把它与含维生素 C 的蔬菜同烹，就是原料合理搭配。

（二）减少营养流失的烹调技法

烹调主要指加热和调味两个环节。烹调过程中有使营养素趋于方便人体消化吸收的一面，如蛋白质的变性、无机盐的溶出；也有使营养素受损失的一面。为使食物更有利于健康，烹调中要趋利避害，根据营养素在烹调中的变化特点，采用有效措施，从而减少营养素的损失。

1. 熟食

含蛋白质丰富的食物应当熟食，以利于人体对蛋白质的消化吸收。

2. 上浆上粉

上了浆粉的原料在加热时外表的浆粉受热糊化，形成外壳或外膜，阻挡了原料水分和营养素的大量外溢，这层外壳或外膜还减少了营养素与空气接触的机会，从而减少了营养素氧化损失。对于煎炸食品来说，这层外壳避免了原料与高温油的直接接触，使蛋白质不致变性太多，维生素不致被高温分解而破坏。

3. 勾芡

芡由淀粉、汤水和调味料组成。勾芡时芡液受热，淀粉糊化就成了芡。芡使汤汁变得浓稠，其黏附在菜品的表面，不仅使菜品润滑、油亮、有滋味，而且汤汁中的营养素也不会浪费。

4. 用醋

许多维生素在酸性环境中耐热，在碱性环境中则极不稳定。因此，在烹调过程中给菜品加点醋，不仅能使菜品具有酸甜可口的风味，而且保护了多种维生素免遭破坏。为保护维生素和无机盐，烹调中应不加碱或少加碱。对于动物性原料来说，加点醋可以使原料中的钙溶解于醋酸中，便于人体消化吸收。

5. 掌握火候

对于不耐热的营养素来说，掌握好火候是一种有效的保护方法。猛火快炒的方法同时具备了较高温度和快速两个特点，使菜品原料在烹调过程中达到快熟不出汤的目的，避免了水溶性维生素的损失。

6. 用酵母发酵

酵母中含大量维生素，能增加食物中维生素 B 的含量，还可以破坏面粉中所含的植酸盐，避免使营养素产生不溶性物质而影响人体消化吸收。用老面发酵须加碱中和，碱会使维生素大量损失。

四、烹调过程中可能产生的有害物质

（一）油脂热聚合物或过氧化

油脂在煎炸过程中，随着温度升高，其黏度越来越大，过氧化反应越来越强。食用油脂中，大豆油、芝麻油、菜籽油都含有较高的亚麻酸。因此，在食用这些油脂或用这些油脂煎炸食品时，应尽量避免油温过高，一般油温控制在 170~200 ℃就不会出现对人体有害的热聚合物和过氧化产物。同时，煎炸用油应不断更新，不断增加新油，陈油不要反复使用。

（二）丙烯醛

在高温下煎炸食品的油脂，会部分水解而生成甘油和脂肪酸，甘油在高温下失水生成丙烯醛。丙烯醛具有强烈的辛辣气味，对鼻、眼黏膜有强烈的刺激作用。油在达到发烟点的温度时，会冒出油烟，油烟中主要的成分是丙烯醛。长时间用质量较差、烟点较低的油煎炸食物，较多的丙烯醛就会随同油烟一起冒出，使操作人员干呛难忍，有人还会出现头晕、头疼等症状。因此，油锅表面应加罩，锅灶上方应装排烟设备。

（三）致癌物质

在烹调加工中，比较容易使原料产生致癌物质的加工方法为煎、腌、炸等。如将鱼、肉煎或炸焦，或腌肉时盐放得不当，都可能会产生致癌物质。

第三节　特殊人群膳食管理

在日常工作中会遇到各种年龄段以及特殊的客户群体，如孕期、婴幼儿、学龄前儿童、学龄儿童、青少年、成年人以及各类中老年慢性病患者群体，为便于家政服务工作人员了解和掌握各种人群营养需要和膳食结构，本节将介绍不同人群的膳食指南、饮食指导及常用烹调方法。

一、孕期膳食指南

2016年中国营养学会颁布《中国居民膳食指南》，其对孕妇的膳食有特别的推荐，包括孕4个月后补充充足的能量，孕后期保持体重的正常增长；孕期增加鱼、肉、蛋、奶、海产品的摄入。

（一）孕早期营养与膳食

1. 孕早期膳食要点

孕早期胚胎生长速度较缓慢，孕妇所需营养与孕前没有太大的差别，值得注意的是，早孕反应对营养素摄入的影响应特别注意以下几点。

（1）按照孕妇的喜好，选择促进食欲的食物。

（2）选择容易消化的食物以减少孕妇呕吐，如粥、面包干、馒头、饼干、甘薯等。

（3）想吃就吃，少食多餐。例如，睡前和早起时，孕妇坐在床上吃几块饼干、面包等点心，可以减轻呕吐，增进食量。

（4）为防止酮体对胎儿早期脑发育的不良影响，当孕妇完全不能进食时，应静脉补充至少150克葡萄糖。

（5）为避免胎儿神经管畸形，在计划妊娠时就应开始补充叶酸400~600微克/天。

2. 孕早期食谱举例

早餐：馒头或面包＋酸奶＋鲜橙；加餐：核桃或杏仁几粒；午餐：米饭（米粉）＋糖醋红杉鱼＋清炒荷兰豆＋西红柿鸡蛋汤；加餐：牛奶芝麻糊；晚餐：面条＋胡萝卜、甜椒、炒肉丝＋盐水菜心（油菜）＋豆腐鱼头汤；加餐：苹果。

（二）孕中期营养与膳食

1. 孕中期膳食要点

（1）补充充足的能量。孕 4~6 个月时，胎儿生长开始加快，母体的子宫、胎盘、乳房等也逐渐增大，加上早孕反应导致的营养不足，孕中期孕妇需要补充充足的能量。

（2）注意铁的补充。孕中期血容量及红细胞迅速增加，并持续到分娩前，孕妇对铁需要量增加。富含铁且吸收率较高的食物包括动物肝脏和血、肉类和鱼类。

（3）保证充足的鱼、禽、蛋、瘦肉和奶的供给。

2. 膳食构成及食谱举例

（1）膳食构成。每天进食谷类 350~450 克，大豆制品 50~100 克，鱼、禽、瘦肉交替选用约 150 克，鸡蛋每日 1 个，蔬菜 500 克（其中绿叶菜 300 克），水果 150~200 克，牛奶或酸奶 250 克。每周进食 1 次海产食品，以补充碘、锌等微量元素；每周进食 1 次动物肝脏和 1 次动物血（约 25 克），以补充维生素 A 和铁。由于孕妇个体有较大的差异，因此不可机械地要求每位孕妇进食同样多的食物。

（2）食谱举例。早餐：麻酱肉末卷、小米红豆粥；加餐：酸奶；中餐：米饭、清蒸鲈鱼、蒜蓉莜麦菜、豆角炒鸡蛋、胡萝卜、马蹄煲瘦猪肉；加餐：橙；晚餐：米饭、豆腐干芹菜炒牛肉、虾米煲大芥菜、海带猪骨汤；加餐：牛奶、面包。

（三）孕后期营养与膳食

孕 7~9 个月胎儿体内组织、器官迅速成长，脑细胞分裂增殖加快，骨骼开始钙化，同时孕妇子宫增大、乳腺发育增快，对蛋白质、能量以及维生素和矿物质的需要明显增加。膳食构成及食谱举例如下。

1. 膳食构成

保证谷类、豆类、蔬菜、水果的摄入；鱼、禽、蛋、瘦肉合计每日 250 克，每日饮奶至少 250 毫升，同时补充钙 300 毫克。每周至少 3 次鱼类（其中至少 1 次海产鱼类），每周进食动物肝脏 1 次、动物血 1 次。

2. 食谱举例

早餐：肉丝鸡蛋面；牛奶、杏仁或核桃；中餐：米饭、红白萝卜焖排骨、虾皮花菇煮菜心（油菜、小白菜）、花枝片（鱿鱼）爆西兰花、花生煲猪展（猪腱肉）汤；加餐：苹果或纯果汁；晚餐：米饭、芹菜豆腐皮（千张、百叶）炒肉丝、蒜蓉生菜、清蒸鲈鱼、黑豆煲生鱼（黑鱼）汤；加餐：酸奶、饼干。

二、幼儿营养与膳食

1~3 周岁为幼儿期。幼儿生长发育虽不及婴儿迅速，但也非常旺盛。尽管幼儿胃的容量已从婴儿时的 200 毫升增加至 300 毫升，但牙齿的数目有限，胃肠道消化酶的分泌及胃肠道蠕动能力也远不如成人。此外，营养物质的获得需从以母乳为主过渡到以谷类等食物为主，这些说明不可过早地让幼儿进食一般家庭膳食。

（一）幼儿期生长发育特点

幼儿期也是幼儿生长发育的重要阶段，其大脑皮质的功能进一步完善，语言表达能力也逐渐丰富，模仿性增强，要求增多，能独立行走、活动，见识范围迅速扩大，接触事物增多，但仍缺乏自我识别能力。

（二）幼儿食物选择的基本原则

1. 谷类及薯类食物

进入幼儿期后，谷类应逐渐成为幼儿的主食。谷类食物是碳水化合物和某些 B 族维生素的主要来源，同时因食用量大，也是蛋白质及其他营养素的重要来源。在选择这类食物时应以大米、面制品为主，同时加入适量的杂粮和薯类。在食物的加工上，应粗细合理，谷类加工过精，B 族维生素、蛋白质和无机盐流失较多；谷类加工过粗，会存在大量的植酸盐及纤维素，影响对钙、铁、锌等营养素的吸收利用。一般以标准米、面为宜。

2. 乳类食物

乳类食物是幼儿优质蛋白、钙、维生素 B_2、维生素 A 等营养素的重要来源。乳类钙含量高、吸收好，可促进幼儿骨骼的健康生长。同时乳类富含赖氨酸，是谷类蛋白的极好补充。但乳类铁、维生素 C 含量很低，脂肪以饱和脂肪为主，需要注意适量供给。过量的乳类也会影响幼儿对谷类和其他食物的摄入，不利于健康饮食习惯的培养。

3. 鱼、肉、禽、蛋及豆类食物

这类食物不仅为幼儿提供丰富的优质蛋白，同时也是维生素 A、维生素 D 及 B 族维生素和大多数微量元素的主要来源。

4. 蔬菜、水果类

这类食物是维生素 C、β－胡萝卜素的唯一来源，也是维生素 B_2、无机盐（钙、钾、钠、镁等）和膳食纤维的重要来源。在这类食物中，一般深绿色叶菜及深红、黄色果蔬等含维生素 C 和 β－胡萝卜素较高。蔬菜、水果不仅可提供营养素，而且具有良好的感官性状，可促进幼儿食欲，防治便秘。

5. 油、糖、盐等调味料及零食

这类食物对于提供必需脂肪酸、调节口感等具有一定的作用，但过多食用对身体有害无益，应少吃。

（三）幼儿膳食的基本要求

1. 营养齐全、搭配合理

幼儿膳食应包括上述五类食物。蛋白质、脂肪、碳水化合物的重量比接近 1∶1∶4~1∶1∶5。动物蛋白（或加豆类）应占总蛋白的 1/2。此外，还应注意不同食物的轮流使用，使膳食多样化，从而发挥各类食物营养成分的互补作用，达到幼儿营养均衡的目的。

2. 合理加工与烹调

幼儿的食物应单独制作，质地应细、软、碎、烂，避免刺激性强和油腻的食物。食物烹调时还应具有较好的色、香、味、形，并经常更换烹调方法，以刺激幼儿胃酸的分泌，促进食欲。加工与烹调也应尽量减少营养素的流失，如淘米次数及用水量不宜过多，应避免吃捞米饭，以减少 B 族维生素和无机盐的流失；蔬菜应整棵清洗、焯水（飞水）后再切，以减少维生素 C 的流失和破坏。

3. 合理安排进餐

幼儿的胃容量相对较小且肝储备的糖原不多，加上幼儿活泼好动，容易饥饿，故每天进餐的次数要相应增加。在 1~2 岁每天可进餐 5~6 次，2~3 岁时可进餐 4~5 次，每餐间相隔 3~3.5 小时。一般可安排早、中、晚三餐，午点和晚点两点。

4. 营造幽静、舒适的进餐环境

安静、舒适、秩序良好的进餐环境，可使幼儿专心进食。环境嘈杂，尤其是吃饭时看电视，会转移幼儿的注意力，并使其情绪兴奋或紧张，从而抑制食物中枢，影响食欲与消化。另外，在就餐时或就餐前不应责备或打骂幼儿，发怒会导致消化液分泌减少从而降低幼儿食欲。进餐时，应有固定的场所，并有适于幼儿身体特点的桌椅和餐具。

5. 注意饮食卫生

幼儿抵抗力差，容易感染，因此对幼儿的饮食卫生应特别注意。餐前、便后要洗手；不吃不洁的食物，少吃生冷的食物；瓜果应洗净再吃。从小培养良好的饮食卫生习惯。

三、学龄前儿童营养与膳食

儿童 3 周岁后至 6~7 岁入小学前称为学龄前期。与幼儿期相比，此时期儿童生长发育速度减慢，脑及神经系统发育持续并具有好奇、注意力分散、喜欢模仿等特点而使其具有极大的可塑性，是培养良好生活习惯、良好道德品质的重要时期。

（一）膳食安排

学龄前儿童一日食物建议：建议每日供给 200~300 毫升牛奶（不要超过

600 毫升），1 个鸡蛋，100 克无骨鱼或禽肉或瘦肉及适量的豆制品，150 克蔬菜和适量水果，谷类已取代乳类成为主食，每日需 150~200 克。并建议每周进食 1 次富含铁和维生素 A 的猪肝和富含铁的猪血，每周进食 1 次富含碘、锌的海产品。

（二）学龄前儿童膳食烹调

学龄前儿童的膳食需单独制作。烹调方式多采用蒸、煮、炖等，软饭逐渐转变成普通米饭、面条及面点。肉类食物加工成肉糜后制作成肉糕或肉饼，或加工成细小的肉丁食用；蔬菜要切碎、煮软；每天的食物要更换品种及烹调方法，1 周内不应重复，并尽量注意色、香、味的搭配。将牛奶（或奶粉）加入馒头、面包或其他点心中，用酸奶拌水果色拉都是保证膳食钙供给的好办法。

四、学龄儿童与青少年的营养与膳食

儿童少年时期是由儿童发育到成年人的过渡时期，可以分为 6~12 岁的学龄期和 13~18 岁的少年期或青春期，这个时期正是他们体格和智力发育的关键时期。在这个时期，青少年体格生长加速，第二性征出现，生殖器官及内脏功能发育成熟，大脑的机能和心理的发育也进入高峰，身体各系统逐渐发育成熟，是人一生中最有活力的时期。

（一）学龄儿童与青少年的营养需要

由于儿童少年体内合成代谢旺盛，以适应生长发育的需要，因此其所需要的能量和各种营养素的摄入量相对比成人高，尤其是蛋白质、脂类、钙、锌和铁等营养素。同年龄男生和女生在学龄期对营养素需要的差别很小，从青春期开始，男生和女生的营养需要出现较大的差异。

（二）学龄儿童及青少年的膳食指南

1. 学龄儿童的膳食指南

《中国居民膳食指南》专家委员会提出了《特定人群膳食指南》，作为《中国居民膳食指南》的补充。《中国居民膳食指南》中，除了“第 7 条饮酒应限量”外，其余原则也适用于学龄儿童。此外，还增加了如下特别内容。

（1）保证吃好早餐。让学龄儿童吃饱和吃好每日三餐，尤其是早餐，食量应相当于全日量的三分之一。

（2）少吃零食，饮用清淡饮料，控制食糖摄入。

（3）重视户外活动。少数学龄儿童饮食量大而运动量少，故应调节饮食和重视户外活动以避免发胖。

2. 青少年的膳食指南

（1）多吃谷类，供给充足的能量。青少年能量需要量大，每天需谷类400~500克。

（2）保证鱼、肉、蛋、奶、豆类和蔬菜的摄入。青少年每天摄入的蛋白质应有一半以上为优质蛋白质，为此，膳食中应含有充足的动物性和豆类食物。

（3）参加体力活动，避免盲目节食。青少年尤其是女生往往为了减肥而盲目节食，正确的减肥办法是合理控制饮食，少吃高能量的食物，如肥肉、糖果和油炸食品等，同时应增加体力活动，使能量的摄入和消耗达到平衡，以保持适宜的体重。

五、老年人营养与膳食

中国已进入老龄社会，如何加强老年保健，延缓衰老进程，防治各种老年常见病，达到健康长寿和提高生命质量的目的，已成为医学界注重的研究课题。老年营养是其中至关重要的一部分，合理的营养有助于延缓衰老，而营养不良或营养过剩、紊乱则有可能加速衰老的速度。因此，从营养学的角度探讨老年人的生理变化，研究老年人的营养与膳食是非常重要的。

（一）饮食多样化

吃多种多样的食物才能利用食物营养素互补的作用，达到全面营养的目的。老年人不要因为牙齿不好而减少或拒绝蔬菜或水果，可以把蔬菜切细、煮软，水果切细，以使其容易咀嚼和消化。

（二）主食中包括一定量的粗粮、杂粮

粗粮和杂粮包括全麦面、玉米、荞麦、燕麦等，其比精粮含有更多的维生素、矿物质和膳食纤维。

（三）每天饮用牛奶或食用奶制品

牛奶及其制品是钙的最好食物来源，摄入充足的牛奶有利于预防骨质疏松症和骨折，虽然豆浆在植物中含钙量较多，但远不及牛奶，因此不能以豆浆代替牛奶。

（四）吃大豆或其制品

大豆蛋白质含量丰富，对老年妇女尤其重要的是其丰富的生物活性物质大豆异黄酮和大豆皂苷，可抑制体内脂质过氧化，减少骨丢失，增加冠状动脉和脑血流量，预防和治疗心脑血管疾病和骨质疏松症。

（五）适量食用动物性食品

禽肉和鱼类脂肪含量较低，较易消化，适于老年人食用。

（六）多吃蔬菜、水果

蔬菜是维生素 C 等维生素的重要来源，而且大量的膳食纤维可预防老年人便秘，番茄中的番茄红素对老年男性常见的前列腺疾病有一定的防治作用。

（七）饮食清淡、少盐

选择用油少的烹调方式如蒸、煮、炖、焯，避免摄入过多的脂肪导致肥胖。少用各种含钠高的酱料，避免过多的钠摄入引起高血压。

六、高尿酸人群膳食指导

痛风是嘌呤合成代谢紊乱和尿酸排泄减少、血尿酸增高所致的一种疾病。膳食选择应限制外源性嘌呤的摄入，减少尿酸的来源，并增加尿酸的排泄，降低血尿酸水平，从而减少痛风急症发作的频率和程度，防止并发症。

（一）高尿酸人群膳食

1. 低嘌呤膳食。急性期患者每日嘌呤摄入量小于 150 毫克（约为正常膳食嘌呤摄入量的 15%~25%），慢性期患者每日嘌呤摄入量小于 300 毫克。

2. 低能量。肥胖者减低体重到理想或适宜状态，一般每日热量摄入量较正常情况降低 10%~15%。

3. 低蛋白质。应 0.8~1.0 毫克 / 千克，以不含嘌呤的谷类、蔬菜类为主要来源，牛奶和鸡蛋可作为优质蛋白质的主要来源。

4. 低脂肪。脂肪可减少尿酸排泄，应予以限制，约占总热量 25%，总量小于 50 克。

5. 多饮水，增加液体摄入量。每日 1 500~3 000 毫升水的摄入，以利尿酸排泄。

6. 摄入充足维生素和矿物质。补充充足的维生素 C 和复合维生素 B 族，低盐饮食。

7. 限制刺激性食物。禁烟、禁酒及禁食辛辣、有刺激性的调味料等，茶、可可、咖啡可适量饮用。

（二）中等嘌呤含量膳食，嘌呤含量（25~150 毫克 /100 克）

1. 豆类：绿豆、红豆、豆腐、豆干、豆浆等。

2. 畜禽类：鸡肉、猪肉、牛肉、羊肉、鸡心、鸭肠、猪腰、猪肚、猪脑等。

3. 鱼虾蟹类：黑鲳鱼、草鱼、鲤鱼、秋刀鱼、鳝鱼、旗鱼、乌贼、虾、蟹、鲍鱼、鱼翅、鱼丸等。

4. 蔬菜类：菠菜、青江菜、茼蒿菜、枸杞、四季豆、豌豆、豇豆、洋菇、鲍鱼菇、海带、笋干、金针菇、银耳等。

（三）中等嘌呤含量膳食，嘌呤含量（150~1 000 毫克 /100 克）

1. 豆类：黄豆、发芽豆。

2. 畜禽内脏：鸡肝、鸡肠、鸭肝、猪肝、猪小肠、牛肝等。

3. 鱼贝类：白鳝鱼、鲢鱼、比目鱼、白带鱼、乌鱼、鲍仔鱼、海鳗、沙丁鱼、牡蛎、蛤蜊、干贝等。

4. 蔬菜类：豆苗、芦笋、紫菜、香菇等。

七、高血糖人群膳食指导

糖尿病的典型症状为多饮、多食、多尿、体重下降及疲乏。总尿量可达 2~3 升以上，甚至多达 10 升。

（一）六大营养素的分配

1. 碳水化合物

每人每天摄入的碳水化合物转化的能量应占总能量的55%~65%。

2. 蛋白质

糖尿病患者每日蛋白质的需要量为1.0克/千克，约占总能量的15%，其中动物性蛋白质应占总蛋白质摄入量的40%~50%。对处于生长发育的儿童或有特殊需要或消耗量大的人，如妊娠、哺乳、消耗性疾病、消瘦患者，蛋白质的比例可适当增加。

3. 脂肪

脂肪占总能量较适合的比例为20%~25%。

4. 膳食纤维

糖尿病患者每日的膳食纤维摄入量以30克左右为宜。

5. 微量抗氧化的维生素

糖尿病患者多摄入维生素C、维生素E和β–胡萝卜素等。

6. 微量元素

糖尿病患者多摄入锌、铬、硒、钒等微量元素。

（二）糖尿病患者饮食设计的一般方法

1. 饮食分配和餐次安排

一日至少应保证三餐，最好一日多餐，早、中、晚餐能量按25%、40%、35%的比例分配。在体力活动量稳定的情况下，饮食要做到定时、定量。注射胰岛素或易发生低血糖者，要求在三餐之间加餐，加餐量应从正餐的总量中扣除，做到加餐不加量。不用胰岛素治疗的患者也可酌情用少食多餐、分散进食的方法，以降低单次餐后血糖。

2. 食物的多样化与烹调方法

食物摄入应多样化。在烹调方法上多采用蒸、煮、烧、烤、凉拌的方法，避免食用油炸的食物。

3. 低盐

每日盐的摄入量应控制在 6 克以下。

4. 油脂

宜用植物油，如菜油、豆油、葵花籽油、玉米油、橄榄油等，忌食动物油、猪皮、鸡皮、鸭皮和奶油等。植物油的摄入也应该限量。

八、冠心病人群膳食指导

冠心病又名冠状动脉粥样硬化性心脏病，绝大多数是由冠状动脉粥样硬化所引起。

（一）膳食指导

1. 低脂肪膳食（轻度控制）。脂肪占全天总能量的 20 %左右，并提高脂肪质量，宜食用植物油，如豆油、菜油、玉米油、芝麻油等，禁用动物性油脂和肥肉。

2. 低胆固醇膳食。每天胆固醇摄入量控制在 300 毫克以下，禁用胆固醇高的食物，如动物内脏、鱼子、蛋黄等。

3. 每天盐的食用量控制在 2~3 克，或酱油 10~15 克，饮食应忌用一切腌制品，如咸菜、腐乳、香肠、火腿、腊肉、咸蛋、皮蛋等。低盐饮食味道较差，可导致食欲减退，为刺激食欲，可适量食用糖醋汁、番茄汁、芝麻酱以改善菜品的味道。

（二）食物选择

1. 可用食物

谷类、豆类及其制品、水果、酸牛奶、脱脂牛奶、鸡蛋清、鱼、去皮鸡肉、小牛肉及猪瘦肉等。鲜蘑菇、香菇、豆制品、赤豆、豌豆、毛豆、鲳鱼、黄鱼、大蒜、大葱、韭菜、海带、芹菜、茄子、黑木耳、核桃仁、芝麻等均有降脂作用，尤以山楂、茶叶为宜。

2. 限用食物

去掉见脂肪牛肉、羊肉、火腿，除小虾以外的贝类及蛋黄等。

3. 禁用食物

含动物脂肪高的食物，如肥猪肉、肥羊肉、肥鹅、肥鸭等，高胆固醇食物如猪皮、猪爪、肝、肾、脑、鱼子、蟹黄、全脂奶油、腊肠等；含高能量碳水化合物食物，如冰激凌、巧克力、蔗糖、油酥甜点心、蜂蜜、各种水果糖等，以上均为体积小、产热高的食物；刺激性食物如辣椒、芥末、胡椒、咖喱、大量酒、浓咖啡等。

第四节　食物中毒的预防

食品卫生与安全直接关系到就餐者的身体健康及人身安全，也是健康饮食的保证，长期以来一直成为大众家庭广泛关注的焦点。编者根据多年来从事餐饮行业的实践经验，结合所学食品卫生专业知识的理论基础，分析食物中毒的症状、引发食物中毒的原因和食物中毒的种类等，并结合实际情况，制定出食物中毒预防措施，以作为家政服务从业人员借鉴之用。

一、食物中毒的概念、特点及症状

（一）食物中毒即当人食用了含有生物性、化学性有毒有害物质的食物，或把有毒有害物质当作食物食用后所出现的非传染性急性疾病。

（二）引发食物中毒的原因虽然各不相同，但都具有如下共同特点：潜伏期短、来势急剧，短时间内可能有多人发病；发病者的症状类似，如腹痛、腹泻、恶心、呕吐等；发病者近期内都食用了相同的食物；人与人之间不会直接传染。食物中毒全年皆可发生，但多集中在每年的第二季度和第三季度，即从 4 月至 9 月底，尤以 7 月、8 月、9 月为高峰期，食物中毒的上述特点，家政服务从业人员应当引起高度重视，从而防患于未然。

二、食物中毒的原因及种类

（一）食物之所以有毒，大致有下列几种原因：在食物加工的一系列过程中受到有害细菌的污染，如沙门氏菌、变形杆菌、葡萄球菌、肉毒杆菌等；食物在生产、加工、运输、储存过程中被有毒化学物质污染，如农药、有毒金属等化学物质。

（二）食物中毒按致病物质区分大致有细菌引起的食物中毒、有毒动植物引起的食物中毒、有毒化学物质引起的食物中毒、食用受到真菌毒素污染而引起的食物中毒。

1. 细菌性食物中毒

这是指因摄入致病菌或其毒素污染的食物引起的急性或亚急性疾病，是食物中毒中最常见的一类。细菌性食物中毒具有明显的季节性，发病率常随着气温的升高而增加，多发生在夏季和秋季，4 月、5 月开始出现，6—9 月达到高峰，因为此时期的温度及湿度均适合病原菌的生长繁殖，容易使人中毒。容易引发细菌性食物中毒的食物主要是肉类、乳类、蛋及水产品等动物性食物，其次是植物性食物。

2. 化学性食物中毒

这是指误食有毒化学物质或食入被其污染的食物而引起的中毒，其发病率和病死率均比较高。引起化学性食物中毒的多数原因是误将亚硝酸盐当作食盐食用，其次为食用含有大量硝酸盐和亚硝酸盐的不新鲜蔬菜所致。

3. 含有毒成分的动植物中毒

这是指误食有毒动植物或摄入因加工、烹调不当而未除掉有毒成分的动植物食物引起的中毒。有毒动物如河豚，有毒植物如发芽土豆、毒蘑菇、未熟透的四季豆等。有毒动植物中毒的特点是有明显的地区性和季节性，发病率较高，病死率也因食用种类的不同而各有差异。

4. 真菌性食物中毒

这主要是谷物、油料或植物在保存过程中生霉后，未经适当处理即作为食材，或是已做好的食物久置腐败变质后误食引起，或是在制作发酵食物时被有毒真菌污染或误用有毒真菌株引起的。

三、预防食物中毒的措施

预防食物中毒的首要任务就是要保障家庭食品安全卫生，杜绝食物中毒事件发生。应不断加强卫生管理，因地制宜地摸索制定出一整套详细的、操作性强的、适合家庭使用的管理方法。除此之外，还要加强食品原料的质量控制，严把原材料入口第一关，同时努力提升食品卫生素养，掌握食品卫生常识。

（一）加强食品原料质量控制，从源头抓起

采购食品原料要严格验收，以保证原料新鲜，不得采购腐败变质、霉变、过期或者其他感官性状异常的食物。不采购病死毒死的禽、畜以及未经检验或者检验不合格的肉类及其制品。不采购来历不明的肉、蛋、水产品、调味料、豆制品等食材。

（二）加强卫生知识的培训，提高卫生安全意识

为提高食品卫生安全意识，确保食品安全卫生，应积极学习《餐饮操作规范要求》《食品安全卫生知识》等相关食品安全知识，避免一些不正确的操作行为发生。

四、采取针对性的预防食物中毒措施

（一）预防细菌性食物中毒措施

能够引起食物中毒的细菌在自然界中分布很广，这些细菌可以通过尘土、昆虫、粪便、食品加工、人的携带等方式进行传播。人们生活的环境中也充满了致病菌，但细菌性食物中毒是一类常见且能够避免的。

1. 避免污染

避免熟食受到各种致病菌的污染。如避免生食与熟食接触，严格分开生、熟食加工用具，厨房的刀具、案板、抹布要经常清洗、消毒。冰箱保存的食物只能延缓细菌的繁殖生长，不能杀灭细菌。值得注意的是，一些致病的细菌，如李斯特氏菌在 4 ℃左右的温度下仍能缓慢繁殖，所以冰箱并非保险箱，食物不宜在冰箱中过久保存，食用前必须再次加热。另外，保持食物加工场所的卫生，防止老鼠、苍蝇、蟑螂等对预防细菌性食物中毒也很重要。

2. 控制温度

控制适当的温度以保证杀灭食物中的微生物或防止微生物的生长繁殖。生肉、乳、蛋、蔬菜等不可避免地带有各种细菌，充分加热是杀灭食物中细菌的有效方法。加工大块肉类食物要保证足够的加热时间，使肉的中心部分熟透，如加热食物应使中心温度达到 70 ℃以上。储存熟食品，要及时热藏，使食品温度保持在 60 ℃以上，或者及时冷藏，把温度控制在 10 ℃以下。

3. 控制时间

尽量缩短食物存放时间，不给微生物生长繁殖提供机会，常温下存放超过 3 小时的食物一定要回炉加热方可食用。

4. 清洗和消毒

凡是接触直接入口食物的物品，应在清洗的基础上进行消毒。一些生吃的蔬菜、水果必须进行清洗、消毒。

5. 控制加工量

食物的加工量应与加工条件相吻合。防止食物加工量超过家庭加工场所和设备的承受能力，以免造成食物污染，引起食物中毒。

（二）预防真菌性食物中毒措施

原料保存要随时注意其水分和温度，保持干燥，低温保存，以达到防止真菌生长的目的。厨房应保持清洁、干燥，定时进行消毒处理；食物加工的原料及食物不宜积压过久；不可食用已经变质的食物，并将其与其他食物隔离；发酵食物如酱、臭豆腐、酱油、面包等应妥善保存，以免食物被有毒真菌污染。

（三）预防常见化学性食物中毒措施

1. 预防农药引起食物中毒的具体措施

每天采购的各种蔬菜必须通过农药残留分析仪检测，在确保无超标农药残留现象后，再进行烹调加工。蔬菜烹调要做到“一洗、二浸、三烫、四炒”。

2. 预防铅、锌中毒的具体措施

不用搪瓷器皿盛装酸性食物，宜选用不锈钢制品作餐具，不用镀锌容器盛装酸性食物。

3. 预防食品添加剂引起食物中毒的措施

食品添加剂的使用要严格按照卫生部门的相关规定执行，不违规使用食品添加剂。

（四）预防常见有毒动植物中毒措施

1. 禁止加工河豚

河豚本身含有毒霉素，一般的烹调方法难以将毒素去除，食用后极易引起中毒。

2. 避免进食含雪卡毒素的深海鱼，包括老虎斑、苏眉等

雪卡毒素中毒对人体危害很大，轻者出现消化道症状，严重的可出现神经、心脑血管系统症状，休克，甚至会因呼吸麻痹而死亡。

3. 预防鱼类所致的组胺中毒

引起此种食物中毒的鱼类主要是海鱼中的青皮红肉鱼，常见的有鲐鱼、马鲛鱼、金枪鱼、沙丁鱼等。预防组胺中毒要求做到：不加工不新鲜的鱼。在烹调此类鱼时，可分别加入适量的雪里蕻、山楂、绿豆等一起炖煮30分钟以上，即可将大部分组胺解除。如果在烹调前做一番简单的预热处理，即用10%的盐和5%的醋混合水溶液把鱼在锅中氽15分钟左右，就可将大部分组胺破坏，然后再进行烹调就更加安全了。

4. 禁止加工不认识的野生菌类

毒蕈中毒的发生往往由于个人采摘野生蘑菇误食引起，故要求不采购、不加工不认识的蘑菇。

5. 预防豆浆引起的食物中毒

生豆浆烧煮时将上涌的泡沫除净，煮沸后再以文火维持煮沸5分钟左右，使其中的胰蛋白酶抑制物被彻底分解破坏。

6. 不吃发芽的土豆

发芽的土豆在一定条件下可以产生大量的有毒成分而易引起食物中毒，因此土豆发芽后不得再烹调加工食用。

7. 预防四季豆引起的食物中毒

烹调时，要将四季豆炒熟、煮透，高温能破坏四季豆所含有的皂素和有毒蛋白凝集素。

8. 防止鲜黄花菜加工不当引起的食物中毒

鲜黄花菜（金针菜）中含有秋水仙碱，人体摄入后可被氧化为二秋水仙碱，会强烈刺激肠胃和呼吸系统。加工鲜黄花菜时要把蒂和芯去掉，因为蒂和芯中的秋水仙碱含量较高，秋水仙碱是水溶性的物质，只要先在沸水里烫漂，然后放到冷水里浸泡一会儿，再经过炒透或煮熟，就可以安全食用了。

五、食物中毒的应急措施

误食一些有毒或变质的食物，就可能会造成食物中毒。出现食物中毒时，应使有毒物质尽快排出体外，以减轻中毒症状。

食物中毒事故发生后，应对患者进行紧急治疗，以免延误病情，危及患者生命。要尽快采取措施清除患者胃肠道内尚未被吸收的毒物，如催吐、洗胃、导泻或灌肠，中毒较重者，需尽快送医院治疗。

第六章

家庭烹调实训内容

第一节　家禽类菜肴制作示例

图 6-1　豉油鸡

豉 油 鸡

色泽金黄、浓香肉滑

原料：嫩净膛母鸡（重约 900 克）1 只。

调味料：精卤水 2 000 克，麻油、味精各适量。

做法：

1. 精卤水入锅加热至滚，把鸡洗净放入卤水内浸 15 分钟。在浸的过程中，要把鸡提起倒出腔内的卤水两三次，以保证鸡内外温度一致。

2. 浸鸡时要注意火候，不能太滚。要慢慢浸，浸至鸡眼突起，腿肉松软便熟。

3. 熟后取出晾凉后切成块，装在盘中。

4. 上席时，淋上卤汁、麻油、味精水。

小提示：精卤水配方

大茴香、甘草、花椒、草果、桂皮各 25 克，白芷、沙姜、陈皮各 10 克，姜 100 克，葱 50 克，生抽 5 000 克，冰糖 2 000 克，绍酒、水各 2 500 克。

图 6–2　白切鸡

白　切　鸡

皮爽肉滑、清淡鲜美

原料：嫩仔鸡 1 只，葱、姜、香菜各适量。

调味料：食用油、盐各适量。

做法：

1. 嫩仔鸡洗净，备用。

2. 将鸡在滚开汤锅内浸烫 15 分钟，取出晾凉后切成块，装在盘中。

3. 葱、姜切成末，分别装在两个小碗中。一个碗内再加少许的盐制出一个味碟；另一个碗内加少许香菜制出一个味碟。

4. 炒勺内倒入食用油，在旺火上烧开，浇在两味碟上，制作成两个蘸料，与切好的鸡一起上桌。

图 6-3　红葱头蒸鸡

红葱头蒸鸡

葱香四溢、肉质细嫩

原料： 家鸡 1 只，红葱头 50 克，姜、香菜各适量。

调味料： 盐、胡椒粉、米酒、生抽、花生油各适量。

做法：

1. 红葱头去衣洗净，拍碎备用；姜去皮洗净切片，备用；香菜洗净切段，备用。

2. 光鸡洗净斩件，以盐、姜片、米酒、胡椒粉、生抽和花生油拌匀，入蒸炉蒸 10 分钟。

3. 取出放入红葱头，再入蒸炉蒸 5 分钟至鸡熟，取出撒上香菜即可。

图 6-4　生炸鸡中翅

生炸鸡中翅

色泽金黄、皮脆肉嫩

原料：鸡中翅 300 克，熟芝麻适量。

调味料：食用油、盐、胡椒粉、辣椒粉、料酒、白醋、老抽各适量。

做法：

1. 鸡中翅洗净，在表面打上划痕，加盐、胡椒粉、辣椒粉、料酒、白醋、老抽腌渍入味。

2. 锅中入油烧热，放入鸡中翅炸至金黄色至熟时捞出，沥油。

3. 将鸡中翅摆入盘中撒上熟芝麻即可。

图 6-5　虫草菌炖家鸡

虫草菌炖家鸡

清爽诱人、咸鲜适口

原料： 鸡腿 350 克，水发菌菇 150 克，虫草花 20 克，枸杞子、姜各适量。

调味料： 盐、料酒各适量。

做法：

1. 鸡腿冲洗干净，菌菇清洗干净，虫草花、枸杞子均洗净备用。

2. 沸水锅中放入鸡腿，淋上料酒，拌匀，氽煮一会儿，捞出沥干水分。

3. 将放凉的鸡腿放入炖盅内，撒上姜片，放入菌菇和虫草花，注入适量清水。

4. 上锅用中火炖煮约 150 分钟，至食材熟透。食用时，加盐调味，撒上枸杞子略煮即可。

图 6-6　三杯鸭

三　杯　鸭

色泽枣红、浓郁香酥

原料：麻鸭 1 只，生姜、大葱各适量。

调味料：米酒、生抽、清水各 120 毫升，冰糖、油各适量。

做法：

1. 把麻鸭处理干净；把生姜洗净，切丝；大葱洗净，切段。

2. 热锅下适量油烧至七成热，提着鸭子在热锅上来回摩擦，把鸭子表面卤至金黄。

3. 将米酒、生抽、清水倒入锅中，加入冰糖和姜丝，大火烧开后盖上盖子转中火煮 20 分钟，中途要把汁往鸭表面淋，使之味色均匀。

4. 加入大葱，把鸭翻面，小火再煮 25 分钟。煮好后大约还有半碗汁，把鸭斩件，把汁淋在鸭表面即可。

图 6–7 啫啫鸡

啫 啫 鸡

锅气十足、鸡肉嫩滑

原料：光鸡 400 克、洋葱 30 克、湿冬菇 30 克、红辣椒 30 克、姜片 10 克、葱段 15 克、炸蒜子 20 克。

调味料：盐 2 克、味精 3 克、白砂糖 3 克、绍酒 10 克、蚝油 8 克、老抽 5 克、胡椒粉 0.5 克、芝麻油 1 克、淀粉 20 克、食用油 20 克。

做法：

1. 将光鸡斩块后，加入盐和绍酒等拌匀腌制 10 分钟。

2. 干烧砂锅至有烟冒出，加入食用油，放姜片、炸蒜子、红辣椒片、洋葱片、湿冬菇爆香，放入鸡块稍微炒一下，让鸡块裹上油，然后尽量铺开放着，煲仔炉开中大火加砂锅盖焖 5 分钟。

3. 揭开锅盖加入葱段、芝麻油、胡椒粉加盖小火焗 2 分钟即可。

图 6–8 酸辣鸡杂

酸辣鸡杂

酸辣开胃、菜香四溢

原料：鸡胗 300 克，酸豆角、蒜薹、红尖椒、姜片各适量。

调味料：盐、食用油、味精、辣椒油、生抽、料酒、香油各适量。

做法：

1. 鸡胗洗净，切片，加盐、料酒腌制，酸豆角、蒜薹、红尖椒均洗净，切小段。

2. 锅中入油烧热，入姜片爆香后捞出，倒入鸡胗翻炒约 2 分钟。

3. 加入酸豆角、蒜薹、红尖椒同炒，调入盐、辣椒油、生抽炒匀，以味精调味，淋入香油，起锅盛入盘中即可。

图 6–9　宫保鸡丁

宫 保 鸡 丁

香甜味浓、肉质滑脆

原料：鸡胸肉 250 克，炸花生米 80 克，芹菜、葱白各 30 克，鸡蛋清、蒜、姜各适量。

调味料：盐、鸡粉、白糖、辣椒油、水淀粉、豆瓣酱、料酒、生抽、食用油、干辣椒各适量。

做法：

1. 鸡胸肉切条形，再切丁；芹菜洗净，切丁；葱白洗净，切段。

2. 把鸡肉丁用盐、鸡粉、水淀粉抓匀，再用蛋清挂糊，腌一会儿。

3. 用油起锅，撒入姜片、蒜末、干辣椒，爆香，放入腌好的鸡肉丁，炒至转色，加入豆瓣酱、料酒、生抽，炒匀。

4. 放入芹菜和葱白，炒香，加入盐、鸡粉、白糖、辣椒油，倒入花生米，颠炒几下，最后用水淀粉勾芡，出锅装盘即可。

厨房小窍门——菜肴制作需注意

1. 洗菜、切菜要现切现炒

炒菜时，必须是先洗后切，随切随炒。如果在没有准备炒菜前就先把菜放在水中浸泡，时间过长，就会使蔬菜中的可溶性维生素和无机盐溶解于水中而损失掉。另外，切好菜就要及时下锅，否则维生素受到空气氧化也会不翼而飞。

2. 冻肉不宜在高温下解冻

如果将冻肉放在沸水中、火炉旁解冻，由于肉组织中的水分不能迅速被细胞吸收而流出，就不能恢复肉原本的质量。而且，遇到高温时，冻肉表面会形成一层硬膜，影响了肉内部温度的扩散，使肉容易变质。因此，冻肉最好在常温下自然解冻。

3. 炒肉不宜过早放盐

盐的主要成分是氯化钠，如果过早放盐，容易使肉中的蛋白质发生凝固，导致肉块缩小、肉质变硬，且不容易烧烂。

4. 加入味精不宜过早

味精易溶于水，可以使菜肴味道鲜美。味精的主要成分是谷氨酸钠，是人体所必需的一种氨基酸，对神经系统的功能有益。但要注意的是，谷氨酸钠在高温时容易被破坏，并分解成带有一定毒性的焦谷氨酸钠，所以加味精后不可长时间煎煮，最好在菜快要出锅时再加入味精。

第二节　家畜类菜肴制作示例

图 6-10　小炒肉

小　炒　肉

麻辣鲜香、口味滑嫩

原料：五花肉 250 克、青椒 80 克、红椒 30 克、蒜适量。

调味料：盐、鸡粉、花椒油、豆豉酱、老抽、生抽、料酒、食用油各适量。

做法：

1. 五花肉洗净；青椒洗净，对半切开，去除籽；红椒洗净，去籽，切片。

2. 锅中注水烧开，放入五花肉煮熟，捞出放凉，抹上老抽上色，腌渍一会儿，再切成薄片。

3. 用油起锅，放入肉片，煎出香味，淋上料酒、生抽炒匀。

4. 放入豆豉酱，撒上蒜末炒香，倒入青椒和红椒，煸炒至表面呈虎皮状。

5. 加入盐，鸡粉，花椒油，翻炒食材至入味，关火后盛出。

图 6-11　糖醋排骨

糖醋排骨

甜酸醇厚、干香滋润

原料： 高汤 150 毫升、排骨 400 克、白芝麻适量。

调味料： 盐、料酒、陈醋、老抽、生抽、白糖、鸡粉、食用油各适量。

做法：

1. 排骨洗净，斩成段，用料酒、生抽和陈醋抓匀，腌制约 15 分钟。

2. 热锅注油，烧至六七成热，放入腌好的排骨，炸至红棕色，盛出，沥干油，待用。

3. 锅留底油烧热，注入高汤，再加入白糖，小火煮至黏稠。

4. 倒入排骨，加入陈醋、老抽，用中火快炒，使排骨均匀地粘上稠汁，再调入盐、鸡粉，炒匀撒上白芝麻即可出锅。

图 6-12　菠萝咕噜肉

菠萝咕噜肉

酸甜可口、肉嫩味鲜

原料： 五花肉 250 克、菠萝 200 克、鸡蛋 1 个、葱 5 克、蒜 5 克、青椒 5 克、洋葱 10 克。

调味料： 精盐 5 克，绍酒 5 克、淀粉 200 克、食用油 1200 克、糖醋 1 份。

做法：

1. 五花肉切成大小为 3 厘米 ×1.5 厘米 ×1.5 厘米的块状，用精盐、绍酒腌制 5 分钟，加入淀粉、蛋液拌匀，菠萝切块备用。

2. 滑锅，下油烧热，五花肉入油锅内炸透全熟至金黄色，捞起沥干油备用。

3. 原锅下料头和糖醋，煮至微沸，用淀粉勾芡，再下炸好的五花肉和菠萝炒匀，加精盐炒匀，出锅。

小提示：糖醋配方

白醋 200 克、片糖 120 克、番茄汁 20 克、喼汁 10 克、精盐 5 克、山楂片 1 小包。

图 6-13　尖椒炒猪肝

尖椒炒猪肝

猪肝脆嫩、汤汁浓郁

原料： 猪肝 300 克，青尖椒、红尖椒各 100 克，干辣椒、姜末各少许。

调味料： 豆瓣酱、料酒、盐、鸡粉、黄酒、水淀粉、食用油各适量。

做法：

1. 将猪肝用温水浸泡片刻，冲洗干净，再切小块；青尖椒和红尖椒洗净，斜刀切圈。

2. 把猪肝放在碗中，加入黄酒、水淀粉，抓匀，腌渍 10 分钟。

3. 用油起锅，放入干辣椒，爆香后拣出，撒上姜末并加入豆瓣酱一同煸炒。

4. 滑入猪肝，快速翻炒至变色，淋入料酒炒香。

5. 加入青尖椒和红尖椒，加入盐、鸡粉炒匀，至猪肝表面略硬即可出锅。

图 6-14　客家焖猪肉

客家焖猪肉

口感软糯、味厚浓香

原料： 带皮五花肉 750 克、蒜头 50 克、干鱿鱼片 20 克、泡发冬菇 50 克。

调味料： 盐 6 克，味精、老抽、胡椒粉各 5 克，白糖 10 克，生抽 30 克，酒 15 克，红曲米 3 克，食用油 100 克。

做法：

1. 五花肉去毛洗净，切成 3~4 厘米宽长条，放入水中煮熟、捞起。

2. 煮熟的五花肉切成 3.5 厘米 ×3.5 厘米方块。

3. 五花肉放入五成油温（150~180 ℃）的油中稍炸一下，去除表面多余油脂。

4. 鱿鱼、冬菇煸香，加入炸好的五花肉，放入水、蒜头和所有的调味料，直接用慢火焖至肉质起胶，色泽红亮，软糯浓香即可。

图 6-15　腊味炒荷兰豆

腊味炒荷兰豆

翠绿醒目、腊香浓郁

原料：广式腊肠 100 克、荷兰豆 300 克。

调味料：盐、料酒、食用油各适量。

做法：

1. 腊肠切片，放入小碗，加料酒，上锅蒸熟。

2. 荷兰豆择洗干净，焯水备用。

3. 锅中将油烧至五六成热，倒入荷兰豆快速煸炒至没有生腥味，加盐、腊肠，炒匀，调好口味装盘即可。

图 6-16　家常焖猪手

家常焖猪手

味香汤浓、猪手软烂

原料：猪手 1 只，上汤、西兰花适量。

调味料：味精、盐、白糖、白醋、姜、葱、料酒、香油各适量。

做法：

1. 将猪手烧去毛，刮洗净，斩小件。

2. 猪手焯水。锅里加冷水，放入洗净的猪手块，倒入一点白醋，开大火煮，煮到水面出现大量浮沫，把猪手捞出，用冷水把浮沫洗净。

3. 西兰花用淡盐水浸泡半小时，洗净，掰成小块，焯水，装盘备用。

4. 起锅放油烧热，下葱、姜爆香，加入上汤、盐、白糖、料酒、味精，放入猪手，大火煲滚后转入砂煲，小火煲至猪手软身、汤汁浓时，淋入香油，将备好的西兰花摆盘装饰即可。

图 6–17　玉米龙骨汤

玉米龙骨汤

肉香汤鲜、补脑益智

原料：龙骨 350 克、玉米 200 克、胡萝卜 100 克、姜片适量。

调味料：盐、胡椒粉、料酒各适量。

做法：

1. 龙骨洗净，斩成小件；玉米洗净，切段；胡萝卜洗净，切块备用。

2. 沸水锅中加入料酒，倒入龙骨，汆煮一会儿，去除血渍，捞出冲洗干净。

3. 砂锅中注入清水烧开，撒上姜片，放入龙骨，淋上料酒，大火煮开，去除浮沫。

4. 转小火，加盖煲约 60 分钟，放入玉米、胡萝卜、拌匀，继续煮约 35 分钟。

5. 出锅时加入盐、胡椒粉调味即可。

图 6–18　杏仁猪肺汤

杏仁猪肺汤

鲜咸清香、利喉润肺

原料： 猪肺 200 克，杏仁 40 克，川贝 30 克，海底椰、姜片、枸杞子各适量。

调味料： 盐、料酒各适量。

做法：

1. 猪肺冲洗干净，切小块；杏仁、川贝、海底椰、枸杞子均洗净，用温开水泡一小会儿。

2. 锅中注水烧热，放入猪肺，淋上料酒，大火加热，沸腾后掠去浮沫。

3. 捞出食材，用凉水冲洗数次，清除杂质。

4. 砂锅中注水烧开，倒入泡好的杏仁、川贝和海底椰。

5. 放入猪肺，撒上姜片，淋上料酒，拌匀。

6. 大火烧开后转小火煲煮约 120 分钟。放入枸杞子，加入食盐，拌匀，续煮约 5 分钟即可。

图 6-19　萝卜煲牛腩

萝卜煲牛腩

味道浓郁、营养美味

原料：牛腩 300 克，白萝卜 250 克，蛋清 30 克，花椒、姜片、葱段、香菜各适量。

调味料：盐、老抽、水淀粉、鸡粉、辣椒油、豆瓣酱、料酒、生抽、食用油各适量。

做法：

1. 牛腩洗净，切厚度均匀条状，改刀小块；白萝卜去皮，洗净切条，再切菱形块。

2. 把肉块装入碗中，加入蛋清、盐、老抽、水淀粉，抓匀，腌制一会儿。

3. 热锅注油，烧至六七成热，放入牛肉，滑一小会儿，捞出，控干油分，待用。

4. 锅留底油烧热，放入花椒、姜片、葱段爆香，加入豆瓣酱，倒入肉块，放入料酒、生抽，炒匀。

5. 注入清水煮沸，转中小火焖煮约 10 分钟，倒入白萝卜，拌匀；煮至熟软，加入鸡粉、辣椒油、拌匀，关火后出锅装盘，用香菜点缀即可。

图 6–20　清炖羊肉

清炖羊肉

汤色清亮、温补气血

原料：羊肉 400 克，白萝卜 200 克，高汤、姜片、葱各适量。

调味料：食盐、胡椒粉、黄酒、绍酒、干辣椒各适量。

做法：

1. 羊肉洗净，切大块；白萝卜去皮，洗净，切大块；葱洗净，切段。

2. 锅中注水烧开，放入羊肉，淋上黄酒，在锅中煮一会儿，捞出羊肉，沥干水。

3. 砂锅中注水烧热，放入高汤，倒入羊肉、干辣椒，淋上绍酒，拌匀。

4. 煮沸后转中小火炖煮约 40 分钟，倒入白萝卜，再煮约 15 分钟，至食材熟透。

5. 加入盐、胡椒粉拌匀调味，关火后盛入汤碗中，撒上葱即可。

图 6-21　孜然羊肉

孜然羊肉

质地软嫩、鲜辣咸香

原料：羊后腿肉 300 克，青尖椒、红尖椒、小葱、姜、白芝麻各适量。

调味料：食用油、料酒、盐、鸡粉、辣椒面、孜然粉、白糖、生粉各适量。

做法：

1. 先将羊肉切成 5.5 厘米厚的肉片，用盐、鸡粉、料酒、生粉一起腌制 10 分钟备用。

2. 青尖椒、红尖椒洗净晾干，切丝；小葱洗净晾干，切段平铺在盘底，备用。

3. 锅内倒入油，烧至六成热，放入腌好的羊肉，用铲扒散，炸至焦香马上捞出备用。

4. 锅内倒入油，放入孜然，青尖椒丝和红尖椒丝稍煸出香味，倒入炸好的羊肉片和辣椒面，炒至金黄色，烹入料酒，调味，翻转均匀倒入铺好小葱的盘中即可。

厨房小窍门——菜肴制作需注意

1. 肉和骨烧煮时忌加冷水

肉和骨中含有大量的蛋白质和脂肪，在烧煮时如果突然加冷水，汤汁的温度就会骤然下降，这时蛋白质和脂肪就会迅速凝固，肉和骨的空隙也会骤然收缩而使肉不易变烂，而且肉和骨本身的鲜味也会受到影响。

2. 反复炸过的油不宜食用

反复炸过的油的热能利用率只有一般油脂的 1/3 左右，油中的维生素及脂肪酸也均遭破坏。油脂中的不饱和脂肪酸经过加热后，会产生各种有害的聚合物，这些物质可对人体产生不良影响。

3. 炒菜温度不宜过高

炒菜的过程中，温度过高、时间过长是不适宜的，许多蔬菜在加热过程中，有 20%~70% 的营养物质会流失。食物煮熟过度，还会使许多维生素遭到破坏，因此煮熟食物后应立刻停火。

4. 炒菜时适宜加醋

在炒菜过程中，多加点醋，可以避免食材中维生素 C 的流失，而维生素 C 是对人体有益的。

第三节　水产类菜肴制作示例

图 6-22　砂锅鱼头煲

砂锅鱼头煲

汤味香浓、鱼头鲜美

原料：鱼头 400 克，青椒、红椒、姜片、葱段、新鲜紫苏、高汤适量。

调味料：盐、鸡粉、胡椒粉、白醋、料酒、食用油各适量。

做法：

1. 鱼头处理干净，从鱼唇正中剁开，加盐、白醋腌渍，再在沸水锅中汆水后捞出；青椒、红椒均洗净，切条；紫苏洗净，切段。

2. 油锅烧热，放入鱼头稍煎后捞出。

3. 在热油锅中，放入姜片、葱段爆香后捞出，注入适量高汤以大火烧开，放入鱼头，烹入料酒、胡椒粉拌匀，改小火炖至鱼头入味。

4. 放入青椒、红椒，以鸡粉调味后，起锅盛入瓦煲中，撒上紫苏即可。

图 6-23　蒜茸开边虾

蒜茸开边虾

鲜嫩味美、色泽光艳

原料： 大对虾 250 克，大蒜 1 头，小葱适量。

调味料： 盐、食用油、酱油、蚝油、白糖各适量。

做法：

1. 准备新鲜的虾，去虾枪，对半切开，尾巴不切断，去虾线，码好摆在盘子上。

2. 大蒜剁碎；碗里倒入酱油、白糖、盐、蚝油，调成酱汁。

3. 锅下油，把大蒜炒香，加入酱汁，加少许清水煮开，待汁浓稠时出锅。

4. 虾倒上炒好的酱汁，上锅蒸 8 分钟后出锅。

5. 出锅后撒上葱花，锅里热好油浇上即可。

图 6-24　清蒸多宝鱼

清蒸多宝鱼

鱼肉鲜嫩、口味清淡

原料：多宝鱼 1 条，红辣椒、葱、姜各适量。

调味料：盐、料酒、蒸鱼豉油、食用油各适量。

做法：

1. 将鱼去除内脏和鱼鳃，反复用清水冲洗直至彻底干净，不留血水。

2. 用刀在鱼身上斜切 3 个花刀，用盐和料酒将鱼身及鱼腹内抹遍，腌渍 10 分钟。

3. 蒸锅中放入适量水烧开，将适量姜片、葱段放在鱼身上，将鱼放入蒸锅，大火蒸 7~8 分钟。

4. 将葱、红辣椒和姜切细丝，切好的葱丝放入凉水中浸泡片刻，洗去黏液，浸泡冲洗后的葱丝会自然卷翘。

5. 鱼蒸好以后，扔去姜葱，倒掉蒸鱼时渗出的水。将切好的葱丝、姜丝和红辣椒丝均匀摆在鱼身上。

6. 锅热入食用油，八成热时关火，将油浇在葱丝上。趁烧油的锅还有余温，将蒸鱼豉油倒入，再加入少量的水。

7. 将烧热的豉油水顺着蒸鱼鱼盘的边缘倒进去即可。

图 6–25　姜葱炒花蟹

姜葱炒花蟹

姜葱浓郁、味道鲜美

原料：花蟹 3 只，葱、姜、蒜各适量。

调味料：油、盐、醋、生抽、料酒、淀粉各适量。

做法：

1. 蟹先刷干净外壳，然后用尖刀撬开蟹盖，去掉鳃及肚子，洗净。

2. 将蟹斩件，蟹钳用刀背敲破外壳，连蟹盖一起用少许盐及料酒腌渍片刻。

3. 将姜洗净，切丝；葱洗净，切段；蒜去衣洗净，切片。

4. 锅内放油，待油温微热，把姜、葱、蒜放入爆炒片刻，然后放入蟹翻炒至变色，加水焖一下至熟透，加入生抽、醋调味，水淀粉勾薄芡，收汁起锅。

5. 摆盘，按蟹原来的样子摆好，盖上蟹壳即可。

图 6-26　粉丝蒸扇贝

粉丝蒸扇贝

蒜香浓郁、粉丝润滑

原料： 扇贝 400 克、粉丝 200 克。

调味料： 蒜、葱、盐、食用油、味精、料酒各适量。

做法：

1. 扇贝处理干净，扔掉无肉的那半扇贝壳。

2. 处理好的扇贝中加入盐、料酒腌渍 5 分钟；粉丝用温水泡软，洗净，沥干水分；蒜去皮，洗净，切末；葱洗净，切葱花。

3. 油锅烧热，倒入蒜末，以小火炒至金黄色时盛出，稍凉后加入盐、味精拌匀。

4. 将扇贝摆入盘中，放上粉丝，再将调好的油蒜茸放在粉丝上。

5. 将备好的材料放入锅中蒸约 5 分钟后取出，撒上葱花即可。

图 6–27 荷兰豆炒双鱿

荷兰豆炒双鱿

鲜香味美、口感爽脆

原料：鲜鱿鱼 150 克，干鱿鱼、荷兰豆、姜片、葱段、红椒各适量。

调味料：食用油、盐、胡椒粉、料酒、生抽、辣椒油各适量。

做法：

1. 干鱿鱼泡软洗净，去除内膜，切条；鲜鱿鱼处理干净，打上花刀；荷兰豆去老筋，洗净；红椒洗净，切丝。

2. 将两种鱿鱼分别放入沸水锅中稍烫后捞出，沥干水分。

3. 油锅烧热，入姜片、葱段爆香后捞出，放入鱿鱼快速翻炒。

4. 加入荷兰豆、红椒同炒片刻，调入盐、胡椒粉、料酒、生抽、辣椒油炒匀，起锅盛入盘中即可。

图 6-28　干烧黄花鱼

干烧黄花鱼

开胃益气、清香鲜美

原料：黄花鱼 300 克，姜、香菜、红椒各适量。

调味料：盐、鸡粉、白糖、番茄酱、料酒、水淀粉、食用油各适量。

做法：

1. 黄花鱼去鳞，剖开去除内脏，冲洗干净，再在两面改上花刀；姜洗净，切末；香菜、红椒洗净，红椒切圈。

2. 把处理好的黄花鱼装在盘中，抹上盐、料酒，腌渍一会儿。

3. 热锅注油，烧至四五成热，放入腌好的黄花鱼，炸至两面金黄，捞出盛盘备用。

4. 用油起锅，撒上姜末，爆香，加入白糖、番茄酱，注入清水，快速搅匀，倒入炸熟的黄花鱼，边煮边浇汁，至鱼肉入味，再盛出熟鱼，装盘待用。

5. 锅留汤汁烧热，加入盐、鸡粉，转大火，用水淀粉勾芡，调成稠汁，浇在鱼身上，最后点缀上香菜、红椒圈即可。

图 6–29　鲜椒水煮鱼

鲜椒水煮鱼

咸鲜微辣、椒香浓郁

原料：花鲢鱼 500 克，青椒、红椒、花椒、葱、蒜、姜各适量。

调味料：食用油 50 克，盐、胡椒粉、料酒、生抽、白醋、辣椒油、水淀粉各适量。

做法：

1. 将鱼处理好后片成片，头、骨斩块，加入盐、胡椒粉、料酒、水淀粉拌匀码味；葱洗净，切段；姜洗净，切片；青椒、红椒均洗净，切小段。

2. 锅中入油烧热，下蒜瓣、姜片爆香后捞出，再入青椒和红椒炒香，注入适量清水烧开。

3. 调入生抽、白醋、辣椒油拌匀，下鱼头，鱼骨煮约 5 分钟后，再下鱼肉片煮约 3 分钟，起锅盛入碗中。撒上葱段。

4. 锅中油烧至七成热，下花椒炸出香味，起锅将花椒油浇到鱼上即可。

图 6–30　豉汁炒花甲

豉汁炒花甲

肉味鲜美、鲜辣可口

原料：花甲 300 克，洋葱、青椒、红椒、葱各适量。

调味料：油、盐、白糖、生抽、白醋、豆豉各适量。

做法：

1. 花甲处理干净，放入沸水锅中烫至开口时捞出，再用冷水冲洗一遍；洋葱洗净，切丝；红椒洗净，切圈；青椒洗净，切片；葱洗净，切段。

2. 将盐、白糖、生抽、白醋调匀成味汁待用。

3. 锅中入油烧热，入豆豉炒香，加入花甲爆炒一下，再入洋葱、青椒和红椒翻炒均匀。

4. 倒入味汁，加入葱段炒匀，起锅盛入盘中即可。

图 6-31　香煎银鳕鱼

香煎银鳕鱼

色泽金黄、肉嫩鲜美

原料：银鳕鱼 150 克，柠檬半个，西兰花、小西红柿、芦笋各适量。

调味料：胡椒粉、食用油、料酒、盐、生粉、黄油各适量。

做法：

1. 选用 2 厘米厚银鳕鱼，洗干净后，沥干水，用料酒稍微腌制 10~20 分钟；西兰花、小西红柿、芦笋洗净，焯熟。

2. 用厨房纸吸干银鳕鱼多余水分，然后在面上稍微裹一层生粉。

3. 削一点点青柠皮，不要削到白囊。

4. 热锅冷油（食用油：黄油 =1：1），小火煎封两面，各 2 分钟。

5. 撒青柠皮和现磨胡椒粒，再撒一点点细盐。

6. 制作完成后在吃之前，再挤几滴柠檬汁。

图 6-32　陈皮蒸鲍鱼

陈皮蒸鲍鱼

鲜嫩弹牙、烹饪简单

原料： 鲍鱼 10 个，陈皮 10 克，姜、小葱各适量。

调味料： 生抽、盐各适量。

做法：

1. 陈皮用清水洗一下，然后用清水泡软。

2. 用勺子将鲍鱼从壳里挖出来，去除内脏，用软毛刷刷干净黑膜后洗净。

3. 泡软的陈皮切成丝，姜切成丝。

4. 清理好的鲍鱼放进鲍鱼壳里，再放到碟子上。

5. 把姜丝、陈皮丝放在每个鲍鱼的上面，淋上少许生抽和盐调味。

6. 蒸锅上气后，放入鲍鱼，保持大火，蒸 8 分钟。

7. 鲍鱼蒸好后，碟子里面的汁水倒掉。另起一锅加热少许花生油，加入适量葱花，立刻关火，连油、葱花淋到鲍鱼上面。

图 6-33　鲍汁海参

鲍 汁 海 参

口感软糯、鲜美营养

原料：水发海参 4 只，红腰豆 200 克，高汤、西兰花适量。

调味料：鲍汁、水淀粉各适量。

做法：

1. 红腰豆用水泡 1 小时，海参洗净，切件；西兰花洗净，焯熟。

2. 将泡好的红腰豆盛砂锅内，加高汤、鲍汁大火煮开后转文火煲至红腰豆软熟。

3. 加入海参后煲 15 分钟，用水淀粉勾薄芡，把焯熟的西兰花摆上装饰即可。

厨房小窍门——火候把握需思考

1. 看食材的性能

各种原料都有老嫩的区别。同一份菜肴里，主料与配料的性能也不同，有的易熟，有的不易熟，所以，有时要将主、配料分开烹制，然后合在一起；有时采取老的原料先下锅，嫩的后下锅，如菠菜做配菜，就不能将菠菜与主料同时下锅，只能先将主料煮熟，菠菜放入另一个锅里烫一下，再与主料混合在一起，才能保持菠菜青绿的色泽。

2. 看食材的厚薄

首先要求切配时尽量使原料厚薄均匀，否则就会出现生熟不一。薄而小的原料则用旺火热油下锅，短时间起锅；稍厚的原料宜刻些花刀，使热容易传入内部。

3. 看烹饪方法

因为不同的烹饪方法，需使用不同的火力。凡爆、炒、炸的菜品要求鲜、嫩、脆，火力宜大，动作要快，才能保证菜肴的质量。

第四节　菌菇类菜肴制作示例

图 6-34　杂菌煲

杂　菌　煲

清香鲜嫩、温润滋补

原料： 蟹味菇、草菇、鸡腿菇、杏鲍菇各 100 克，芹菜适量。

调味料： 蚝油、盐、鸡粉各适量。

做法：

1. 蟹味菇剪择好，洗净；草菇择好，洗净，开边；鸡腿菇洗净，切条；杏鲍菇洗净，切条；芹菜洗净，切粒。

2. 锅置火上，加入适量水，一勺盐，烧开放入杂菌，灼熟捞起，水倒掉，锅洗净。

3. 锅入油加热，放入杂菌炒香，加入适量开水，调入蚝油、鸡粉，搅均匀煮开，装入砂煲。

4. 砂煲置火上，放入芹菜粒，烧开即可。

图 6-35　美味金针菇

美味金针菇

颜色亮丽、制作简单

原料：金针菇 150 克，胡萝卜 100 克，青椒、红椒适量。

调味料：食用油、盐、白醋、生抽、香油各适量。

做法：

1. 金针菇去缔、洗净；胡萝卜去皮、洗净，切丝，焯水后捞出；青椒、红椒洗净，切碎。

2. 锅中入油烧热，煸香青椒、红椒，倒入备好的食材同炒片刻。

3. 调入盐、白醋、生抽、香油炒匀，起锅盛入盘中即可。

图 6–36　剁椒蒸金针菇

剁椒蒸金针菇

口感爽滑、开胃下饭

原料：金针菇 200 克、剁椒酱 40 克、野山椒 20 克。

调味料：盐、鸡精、胡椒粉、辣椒油、醋各适量。

做法：

1. 金针菇切去尾部相连的部分，过清水冲洗干净，滤干水分后整齐地码入盘中，将切碎的野山椒和剁椒酱摊上备用。

2. 将盘子置于蒸格上，盖上锅盖，大火蒸 5 分钟。

3. 盐、鸡精、胡椒粉、辣椒油、醋调成味汁。

4. 开盖，将盘中的水分倒掉，将调味汁淋在金针菇表面即可。

图 6-37　干锅茶树菇

干锅茶树菇

口味浓郁、鲜香适口

原料：水发茶树菇 350 克，洋葱 120 克，青椒、红椒各 35 克，豆豉 25 克，蒜片、姜片、干辣椒各适量。

调味料：盐、鸡粉、豆瓣酱、生抽、料酒、食用油各适量。

做法：

1. 茶树菇洗净，切除根部；洋葱洗净，切粗丝；青椒、红椒洗净，切开，去除籽，再切丝。

2. 沸水锅中加入料酒，倒入茶树菇，拌匀，煮去杂质，盛出待用。

3. 用油起锅，撒入蒜片、姜片、干辣椒，爆香，放入豆豉，加入豆瓣酱、生抽、料酒，炒匀。

4. 放入茶树菇，炒匀，注入适量的清水，加盖小火焖煮约 8 分钟，揭盖后倒入洋葱丝，转大火炒至变软。

5. 放入青椒丝、红椒丝，加入盐、鸡粉，炒匀，关火后盛入在干锅内，食用时加热煮沸即可。

图 6-38　双椒炒木耳

双椒炒木耳

开胃养颜、方便快捷

原料： 黑木耳 50 克，青椒、红椒各适量。

调味料： 食用油、盐、白醋、生抽各适量。

做法：

1. 黑木耳泡发、洗净，撕成小朵，焯水后捞出；青椒、红椒均洗净，切小段。

2. 油锅烧热，入青椒、红椒炒香，加入黑木耳快速翻炒片刻。

3. 调入盐、白醋、生抽炒匀，起锅盛入盘中即可。

图 6-39　百花酿香菇

百花酿香菇

汁浓鲜香、清淡适宜

原料： 涨发好香菇 12 只，瘦肉 250 克，虾仁 100 克，葱、芹菜各适量。

调味料： 生抽、盐、白糖、胡椒粉各适量。

做法：

1. 瘦肉和虾洗净，剁碎；香菇去蒂，洗净；葱、芹菜洗净，切粒。

2. 将瘦肉、虾碎、葱粒、芹菜粒放入碗中，调入生抽、白糖、胡椒粉、生粉各适量搅拌均匀，待用。

3. 将香菇塞满肉馅，放入蒸锅，水开盖好盖，蒸 12 分钟即可。

4. 码盘时，香菇放在中间，周边可放一些焯好的油菜。

图 6-40　彩椒羊肚菌

彩椒羊肚菌

色彩分明、味道鲜美

原料： 羊肚菌 200 克，彩椒、高汤各适量。

调味料： 食用油、味精、盐、米酒、淀粉各适量。

做法：

1. 羊肚菌洗净，沸水烫熟后，以冷水冷却后捞出；彩椒洗净沥干水分，切大块。

2. 锅内加油烧至五成热，放入羊肚菌快炒片刻捞出，沥去油。

3. 原锅入少许油烧热，放入彩椒块煸炒片刻，加入羊肚菌、高汤、盐、米酒，煮沸后入味精调味，再用淀粉勾芡，装盘即可。

图 6-41　椒盐茶树菇

椒盐茶树菇

色泽金黄、酥脆咸香

原料：茶树菇 200 克，鸡蛋黄 2 个。

调味料：脆炸粉 100 克，食用油、盐、鸡粉、椒盐各适量。

做法：

1. 茶树菇择洗干净，沥干水分，用盐和鸡粉拌匀，撒上少许干淀粉。将蛋黄、脆炸粉放入碗中，加入少许清水拌成面糊。

2. 将锅置于火上，放入食用油烧至五成热，把茶树菇挂糊入锅，炸至结壳捞起，待油温上升时，再次下锅炸至呈淡黄色，捞起装盘，撒上椒盐即可。

图 6-42　松茸菌炖花胶

松茸菌炖花胶

清鲜润滑、滋补营养

原料： 鲜松茸菌 50 克、涨发好花胶 120 克、土鸡 50 克、排骨 50 克。

调味料： 盐适量。

做法：

1. 鲜松茸菌削去外层洗净，切厚片；涨发好的花胶洗净，切成两块；鸡洗净，斩小块；排骨洗净，斩小块。

2. 锅置火上，加入适量水烧开，放入鸡、排骨去血水，水开捞起，水倒掉。

3. 将鸡、排骨放入炖盅，加入开水，盖好盖，放进准备好的蒸锅或电炖锅，上气后炖一小时。

4. 打开盖子，加入花胶、松茸菌盖好盖，再炖半小时关火，调入适量盐即可。

小提示：

每人可按照涨发好的花胶 120 克，松茸、鸡、排骨各 25 克的量安排。

厨房小窍门——调味方法需讲究

1. 因料调味

新鲜的鸡、鱼、虾和蔬菜等，其本身具有特殊鲜味，调味不应过量，以免掩盖天然的鲜美滋味。腥膻气味较重的原料，如不新鲜的鱼、虾、牛羊肉及内脏类，调味时应酌量多加些去腥解膻的调味料，如料酒、醋、糖、葱、姜、蒜等，以便减恶味，增鲜味。本身无特定味道的原料，如海参、鱼翅等，除必须加入鲜汤外，还应当按照菜肴的具体要求施以相应的调味料。

2. 因菜调味

每种菜都有自己特定的口味，这种口味是通过不同的烹饪方法最后确定的。因此，投放调味料的种类和数量皆不可乱来。特别是对于多味菜，必须分清味的主次，才能恰到好处地使用主、辅调味料。有的菜以酸甜为主，有的菜以鲜香为主，还有的菜上口甜收口咸，或上口咸收口甜等，这种一菜数味、变化多端的奥妙，皆在于调味技巧。

3. 因时调味

人们的口味往往随季节变化而有所差异，这也与机体代谢状况有关。例如，在寒冷的冬季，人们喜用浓厚肥美的菜肴；炎热的夏季，人们则嗜好清淡爽口的食物。

4. 因人调味

烹饪时，在保持地方菜肴风味特点的前提下，还要注意用餐者的不同口味，做到因人调味。所谓“食无定味，适口者珍”，就是对因人调味的恰当概括。

5. 选择优质调味料

原料好而调味料不佳或调味料投放不当，都将影响菜肴风味。优质调味料还有一个含义，就是烹饪某地的菜肴，应当用该地的著名调味料，这样才能使菜肴风味更佳。

第五节　豆制品菜肴制作示例

图 6-43　客家酿豆腐

客家酿豆腐

色泽金黄、汁香味浓

原料： 水豆腐 4 块、五花肉 300 克、大地鱼 50 克、干葱头 20 克、葱花 5 克。

调味料： 生粉、盐、味精、生抽、胡椒粉、食用油各适量。

做法：

1. 大地鱼下油锅炸香或用电烤炉烤香，然后剁成碎粒备用；五花肉、干葱头分别剁成小粒状，放入大地鱼调匀，加入生粉和少量水，加入适量盐、味精和生抽，顺着一个方向搅拌成富有弹性的肉馅。

2. 豆腐切小块，在每一块豆腐上面挖一个小洞，将搅拌好肉馅酿入每块豆腐中间。

3. 起油锅，肉面朝下放进锅内，用慢火煎至金黄色时，放入适量盐、味精、生抽和汤水，用中慢火焖至刚熟，撒上胡椒粉勾入少量芡汁，加入尾油，撒上葱花盛入盘中即可。

图 6-44　蟹黄豆腐

蟹 黄 豆 腐

亦汤亦菜、老少皆宜

原料： 水豆腐 300 克，咸蛋黄、火腿、蟹柳各适量。

调味料： 食用油、盐、味精、胡椒粉、香油、淀粉各适量。

做法：

1. 水豆腐稍洗，切成小丁，焯水后捞出；咸蛋黄用勺子压碎；火腿、蟹柳均洗净，切成小丁。

2. 锅入油烧热，入咸蛋黄稍炒后，注入适量清水烧开，加入豆腐、火腿和蟹柳同煮至熟。

3. 调入盐、味精和胡椒粉拌匀，以水淀粉勾芡后，淋入香油，起锅盛入盘中即可。

图 6–45　红烧腐竹

红烧腐竹

色泽棕红、咸鲜微甜

原料：腐竹 60 克、黑木耳 40 克、青椒适量。

调味料：食用油、盐、白糖、料酒、老抽、蚝油各适量。

做法：

1. 腐竹、黑木耳分别用清水泡发，洗净。

2. 将腐竹切段；黑木耳撕成小朵；青椒洗净，切片。

3. 锅中入油烧热，放入腐竹、黑木耳翻炒。

4. 烹入料酒，调入盐、白糖、老抽炒匀，注入少许清水烧煮片刻。

5. 放入青椒，待汤汁收浓时，调入适量蚝油翻炒均匀，起锅盛入盘中即可。

图 6-46　家常豆腐

家常豆腐

芡汁光亮、营养丰富

原料： 豆腐 300 克，猪肉 100 克，香菇 30 克，红椒、葱、高汤各适量。

调味料： 食用油、盐、豆瓣酱、鸡精、淀粉、料酒、酱油各适量。

做法：

1. 将豆腐洗净，切成对角的三角形片，撒上盐腌渍，后倒去水分。

2. 猪肉洗净，切片；香菇泡发后，切片；红椒洗净，切片；葱洗净，切段；豆瓣酱剁碎。

3. 锅中加入油烧热，先下入豆腐煎至两面金黄色后，倒出沥油。

4. 再次加入油烧热，下入肉片、香菇和红椒炒熟，烹入料酒，加入豆瓣酱炒香。再加入豆腐、盐、鸡精、酱油和高汤焖至入味，收干汁后放入葱段，以淀粉勾芡盛入盘中即可。

图 6-47　芹菜炒香干

芹菜炒香干

清新爽口、绝佳搭配

原料： 香干 200 克，香芹 100 克，红椒适量。

调味料： 食用油、盐、白糖、生抽、香油、干辣椒各适量。

做法：

1. 香干洗净，切丝；香芹洗净，切段；红椒洗净，切丝。

2. 锅中入油烧热，放入干辣椒爆香，加入香干煸炒片刻。

3. 加入芹菜、红椒同炒。

4. 调入盐、白糖、生抽炒匀，淋入香油，起锅盛入盘中即可。

图 6-48　韭香豆干塔

韭香豆干塔

香味浓郁、下饭佳品

原料： 香干 200 克，韭菜 100 克，红椒适量。

调味料： 食用油、盐、生抽、香油各适量。

做法：

1. 香干洗净，切小丁；韭菜洗净，切小段；红椒洗净，切碎粒。

2. 油锅烧热，入香干翻炒片刻，调入盐、生抽炒匀。

3. 加入韭菜、红椒快速炒匀，淋入香油，起锅盛入盘中即可。

图 6-49　油渣焖豆腐

油渣焖豆腐

金黄油亮、味鲜气香

原料：油豆腐 200 克，五花肉 80 克，蒜苗、青椒、红椒各适量。

调味料：食用油、盐、味精、生抽、辣椒油、香油各适量。

做法：

1. 五花肉洗净，切片；油豆腐洗净；蒜苗洗净，切段；青椒、红椒均洗净，切粒。

2. 锅置火上，入少许油烧热。下入五花肉煎成油渣，加入青椒、红椒炒香。

3. 放入油豆腐翻炒均匀，调入盐、生抽、辣椒油炒匀，注入少许清水焖煮片刻。

4. 放入蒜苗稍炒，以少量味精调鲜，淋入香油，起锅盛入盘中即可。

图 6-50 麻婆豆腐

麻婆豆腐

色泽红亮、麻辣鲜香

原料： 豆腐 350 克，高汤、猪肉、葱各适量。

调味料： 食用油、淀粉、盐、胡椒粉、花椒粉、辣椒粉、老抽、陈醋、料酒、郫县豆瓣各适量。

做法：

1. 豆腐稍洗，切小块，加入有盐的沸水锅中焯水后捞出；猪肉洗净，剁成肉末，加盐、料酒腌渍；葱洗净，切葱花；郫县豆瓣剁细。

2. 锅中入油烧热，放入郫县豆瓣炒出红油，加入肉末翻炒片刻。

3. 注入适量高汤烧开，放入焯过水的豆腐，盖上锅盖，以中火略煮片刻。

4. 调入盐、胡椒粉、花椒粉、辣椒粉、老抽、陈醋拌匀，以水淀粉勾芡，淋入香油，起锅盛入盘中，撒上葱花即可。

图 6–51　小炒千叶豆腐

小炒千叶豆腐

韧劲十足、好吃不腻

原料：千叶豆腐 200 克，五花肉 100 克，青椒、红椒、干辣椒、芹菜各适量。

调味料：盐、食用油、生抽、辣椒油、白醋、香油各适量。

做法：

1. 千叶豆腐洗净，切片；五花肉洗净，切片；青椒、红椒均洗净，切圈。

2. 锅中入适量油烧热，入五花肉煸至出油时，加入千叶豆腐翻炒均匀。

3. 调入盐、生抽、辣椒油、白醋炒匀，加入青椒、红椒、干辣椒、芹菜稍炒后，淋入香油，起锅盛入盘中即可。

图 6–52 潮式炸豆腐

潮式炸豆腐

外皮金黄、外脆内嫩

原料：豆腐 4 块，韭菜 50 克，蒜 50 克，红椒 20 克。

调味料：盐、食用油各适量。

做法：

1. 韭菜拣洗干净，切粒；蒜切茸；红椒切粒。

2. 豆腐切成三角形，两角对切，切两刀成 4 块装好备用。

3. 先调韭菜盐水酱料。碗里加入适量的盐，加入切好的韭菜粒、蒜茸、红椒粒，再加入适量开水，用筷子拌匀、盐化即可。

4. 锅热加入准备好的食用油，继续加热油温至 170 ℃左右，放入豆腐炸至金黄色捞起即可。

5. 豆腐沥干油，配韭菜盐水酱料，然后装盘。

厨房小窍门——用油选择需重视

1. 豆油

豆油中含丰富的多不饱和脂肪酸和维生素D、维生素E，有预防心脑血管疾病发生，提高免疫力的作用。但是，豆油含的多不饱和脂肪酸较多，所以在各种油脂中最容易酸败变质，因此购买时一定要选出厂不久的，并尽可能趁“新鲜”吃掉。

2. 玉米油

玉米油极易消化，人体吸收率高达97%，其中不饱和脂肪酸含量达80%以上，且其所含的亚油酸是人体自身不能合成的必需脂肪酸，还含有丰富的维生素E。从口味和烹调角度来说，玉米油色泽金黄、透明，清香扑鼻，除可用于煎、炒、炸外，还可直接用于凉拌。

3. 橄榄油

橄榄油中所含的单不饱和脂肪酸是所有食用油中最高的，它能降低低密度胆固醇水平，提高高密度胆固醇水平，所以有预防心脑血管疾病，减少胆囊炎、胆结石发生的作用。橄榄油还含维生素A、维生素D、维生素E、维生素K和胡萝卜素，对改善消化功能、增强钙在骨骼中沉积、延缓脑萎缩有一定的作用。

4. 葵花子油

葵花子油含丰富的必需脂肪酸，有软化血管、降低胆固醇、预防心脑血管疾病、延缓衰老、防止干眼症和夜盲症的作用。不过，葵花子油也含有较高的多不饱和脂肪酸，所以购买时一定要选出厂不久的。

5. 花生油

花生油中含丰富的油酸、卵磷脂、维生素及生物活性很强的天然多酚类物质，可降低血小板凝聚，降低总胆固醇和低密度胆固醇水平，预防动脉硬化及心脑血管疾病。

6. 猪油

猪油中含较高的饱和脂肪酸，吃得太多容易引起高血脂、脂肪肝、动脉硬化、肥胖等。但猪油与一般植物油相比，有不可替代的香味，一般健康人员可适量食用。

第六节　蔬果类菜肴制作示例

图 6-53　开胃小黄瓜

开胃小黄瓜

清香开胃、脆香可口

原料： 小黄瓜 400 克、红辣椒适量。

调味料： 盐、味精、白糖、香醋、生抽各适量。

做法：

1. 小黄瓜洗净，切小段，加入少许盐拌匀；红辣椒洗净，切圈。

2. 将盐、味精、白糖、香醋、生抽、凉开水混合成生拌汁。

3. 将小黄瓜、红辣椒、生拌汁混合拌匀即可。

图 6-54 橄榄油青萝卜

橄榄油青萝卜

健康美食、去油解腻

原料： 青萝卜 2 根。

调味料： 陈醋、盐、白糖、橄榄油各适量。

做法：

1. 将青萝卜切去头尾，洗净。

2. 萝卜切丝，放进碗里。

3. 将陈醋倒入装有萝卜丝的碗中，调入盐、白糖拌匀，淋入少量橄榄油，腌渍 10 分钟即可食用。

图 6-55　水果沙拉

水 果 沙 拉

色彩缤纷、健康时尚

原料：火龙果 200 克、苹果 120 克、西瓜肉 100 克、圣女果 40 克、猕猴桃肉 65 克。

调味料：沙拉酱适量。

做法：

1. 火龙果洗净，取果肉切成方块；苹果洗净削皮，切开去果核，改刀切成小块。

2. 西瓜肉切成小块；圣女果洗净，对半切开；猕猴桃肉洗净，切成小块。

3. 将切好的各式水果放入杯中摆好，淋上沙拉酱，食用时拌匀即可。

图 6-56　蒜茸蒸丝瓜

蒜茸蒸丝瓜

清淡怡人、操作简单

原料： 丝瓜 1 根、蒜 2 个、红椒碎适量。

调味料： 食用油、盐、鸡精、淀粉、生抽各适量。

做法：

1. 蒜去衣洗净，捣茸；丝瓜去皮，切成 3 厘米厚的圈。

2. 锅内放入食用油，油热后放入蒜茸和红椒碎，爆香后盛出。然后加入盐、鸡精、淀粉、生抽拌匀。

3. 丝瓜摆盘，将拌匀的蒜茸放在丝瓜上，放入蒸锅 8 分钟后取出即可。

图 6-57 青椒煎苦瓜

青椒煎苦瓜

开胃小菜、清淡脆嫩

原料：苦瓜 300 克，青椒、红椒各适量。

调味料：盐、食用油、味精、香油各适量。

做法：

1. 苦瓜剖开去籽，洗净、切片；青椒、红椒均洗净，切片。

2. 锅置火上，入油烧热，倒入苦瓜快速翻炒，调入盐炒匀。

3. 加入青椒、红椒同炒片刻，以味精调味，淋入香油，起锅盛入碗中即可。

图 6–58　荷塘小炒

荷塘小炒

清香四溢、清淡爽口

原料： 莲藕 150 克，荷兰豆、黑木耳、鲜百合、胡萝卜各适量。

调味料： 食用油、盐、水淀粉、味精、白糖、白醋各适量。

做法：

1. 莲藕洗净去皮切片，放清水中浸泡；黑木耳泡发洗净；荷兰豆去老筋，洗净；胡萝卜洗净，切菱形片；鲜百合掰成片，洗净，沥干水分备用。

2. 锅中加入水、盐和少许食用油，倒入莲藕片、黑木耳、荷兰豆焯水，出锅沥干水分。

3. 锅烧热，倒入少许食用油，放莲藕、黑木耳、荷兰豆、百合、胡萝卜稍炒，加入盐、味精、白糖、白醋调味，勾薄芡后出锅即可。

图 6–59 盐水菜心

盐 水 菜 心

质地脆嫩、操作简单

原料：油菜心 350 克，蒜、葱、红椒适量。

调味料：食用油、生抽各适量。

做法：

1. 菜心择去老叶，取嫩菜心洗净；蒜去蒜衣洗净，剁碎；葱、红椒洗净，切丝。

2. 锅中加入食用油烧热，放入蒜，炒至呈金黄色，制成蒜油备用。

3. 另起一锅，加入适量清水大火烧开，滴几滴食用油下菜心焯熟，捞出装盘，淋上生抽，浇上蒜油，放葱丝、红椒丝装饰即可。

图 6-60 西红柿菜花煲

西红柿菜花煲

酸甜美味、口味清淡

原料： 菜花 300 克，西红柿 1 个，高汤、蒜苗、蒜各适量。

调味料： 食用油、盐、鸡精、香油各适量。

做法：

1. 西红柿洗净，快速焯水去皮，切块；蒜苗洗净，切段；菜花掰成小块，冲洗两遍后用淡盐水浸泡 15 分钟，再冲洗，焯水备用。

2. 取煲仔置炉上，倒入少许油，放入蒜粒，将焯好的菜花摆入，加入适量高汤烧开。

3. 转小火煲至入味，摆西红柿和蒜苗段，加点盐、鸡精调味，淋上香油即可。

图 6-61　砂锅小瓜

砂锅小瓜

食材易得、味道鲜美

原料： 西葫芦 300 克，红椒适量。

调味料： 食用油、盐、生抽、香油各适量。

做法：

1. 西葫芦、红椒均洗净，切片。

2. 锅置火上，入油烧热，加入西葫芦片翻炒片刻。

3. 待炒至西葫芦软熟时，加入红椒同炒。

4. 调入盐、生抽、香油炒匀，起锅盛入烧热的砂锅中即可。

图 6-62　红烧茄子

红烧茄子

鲜香浓郁、下饭好菜

原料：茄子 300 克，青椒、红椒各适量。

调味料：食用油、盐、生抽、辣椒油、蚝油、香油各适量。

做法：

1. 茄子洗净去皮，切条；青椒、红椒均洗净，切条。

2. 将盐、生抽、辣椒油、蚝油加适量的清水兑成味汁。

3. 锅中油烧热，放入茄子稍煎至茄子发软。在煎的过程中，适时倒入适量味汁。

4. 待茄子成熟时，放入青椒、红椒碎拌匀，当茄子完全熟透后，淋入香油，起锅盛入盘中即可。

图 6-63　芡实南瓜煲

芡实南瓜煲

香甜软糯、美容养颜

原料：南瓜、香芋各 150 克，新鲜芡实 100 克，素高汤、百合适量。

调味料：盐、白糖各适量。

做法：

1. 香芋和南瓜去皮切成丁块；新鲜芡实洗净；百合去根蒂，掰片，焯水备用。

2. 起锅加入素高汤，把芡实放入锅中，大火煮开后，转小火煮至芡实软糯。然后加入香芋，大火煮透后加入南瓜，继续煮 5 分钟至南瓜熟透。

3. 加入盐和白糖调味，再撒上百合即可。

厨房小窍门——菜肴搭配需仔细

1. 量的搭配

盘菜的量要按一定的比例配制。主料、辅料搭配，要突出主料。主料由几种原料构成的，各种原料量要基本相等。单一原料的，要按单位额配菜，一般小盘纯料为 150~200 克，大盘纯料为 300~400 克。

2. 质的搭配

主料、辅料在质地上的配合应脆配脆、嫩配嫩。

3. 营养成分的搭配

各种菜肴都有不同的营养成分，配菜时要注意原料的相互补充，特别是动物性原料，应适当配些果蔬原料，以补其维生素的不足。

4. 色泽搭配

主料、辅料在颜色上的配合，一般是辅料衬托主料。

5. 味道搭配

这包括原料加热前后、调味前后的变化。应突出主料的香味，并以辅料的香味补主料香味的不足。如主料的香味过浓或过于油腻，应配以香味清淡的辅料，进行适当调和冲淡，使主料味道适中。

6. 形状搭配

辅料必须服从主料，即片配片、丝配丝、丁配丁。不论何种形状，辅料大小都必须略小于主料。

第七节　主食类产品制作示例

图 6-64　扬州炒饭

扬 州 炒 饭

鲜嫩滑爽、香糯可口

原料： 米饭 200 克，虾仁 50 克，鸡蛋 1 个，青椒、火腿、胡萝卜、玉米粒各适量。

调味料： 食用油、食盐、料酒、香油各适量。

做法：

1. 虾仁洗净，加食盐、料酒腌渍；鸡蛋磕入碗中，搅散成蛋液；玉米粒洗净；青椒、火腿洗净，切小粒；胡萝卜去皮，洗净，切小粒，与玉米粒一同焯水后捞出。

2. 油锅烧热，入虾仁过食用油后盛出。

3. 再热油锅，入蛋液快速炒散，倒入米饭翻炒均匀，加入虾仁、青椒、火腿、胡萝卜、玉米粒同炒片刻。

4. 调入食盐、香油炒匀，起锅盛入盘中即可。

图 6–65　菠萝炒饭

菠萝炒饭

果香浓郁、操作简单

原料：米饭 150 克，菠萝 1 只，白萝卜 20 克，玉米粒 20 克，细葱 5 克。

调味料：盐、味精、白糖、胡椒粉各适量。

做法：

1. 细葱切成葱花；白萝卜切成粒后和玉米粒焯水备用。

2. 将菠萝对半切开，挖出菠萝肉，切成丁状。

3. 将锅烧热放油，放入白萝卜粒、玉米粒、菠萝丁一起翻炒均匀，再加入米饭，加入盐、味精、白糖、胡椒粉炒拌均匀，最后加入葱花，然后捞起放入挖空的菠萝中便成。

图 6-66　腊味煲仔饭

腊味煲仔饭

浓郁咸香、温润可口

原料：丝苗米 100 克，腊肠、腊肉各 50 克，小白菜、姜各适量。

调味料：食用油、香油、调味汁各适量。

做法：

1. 米洗净，浸泡 30 分钟备用。

2. 腊肉、腊肠洗净，切片备用；小白菜洗净，焯熟；姜洗净，切丝。

3. 砂锅在底部抹薄薄一层食用油，把泡好的米放入砂锅中，加水，米和水的比例为 1∶1.5，用大火烧开，转小火煮 3~5 分钟。

4. 饭开始收水，可以看到饭表面有一个个的洞，这个时候把切好的腊肉、腊肠、姜丝放入砂锅。

5. 盖上锅盖，换最小火，再煮三四分钟，关掉火，让煲仔饭焖几分钟，放入小白菜叶，淋上香油，加入调味汁即可。

图 6-67　生滚牛肉粥

生滚牛肉粥

鲜嫩爽滑、鲜香好吃

原料： 大米 100 克，牛肉 200 克，姜片、葱花适量。

调味料： 食用油、盐、干淀粉、生抽、胡椒粉适量。

做法：

1. 大米洗净后沥干水分，加入少许食用油和食盐腌渍半小时。

2. 牛肉洗净，切薄片，加入干淀粉、食用油、生抽抓均匀，腌渍 5 分钟，之后加入姜片拌匀后继续腌渍 10 分钟。

3. 砂锅内加入足量的清水烧开，倒入腌好的大米，大火煮开后转小火煮 1~1.5 小时，其间不断搅动以防粘锅，熬至粥软烂、黏稠即可。

4. 放入腌好的牛肉片，迅速划散，然后加入胡椒粉，待牛肉熟，加入葱花即可。

图 6-68　皮蛋瘦肉粥

皮蛋瘦肉粥

清爽润肺、健脑益智

原料：大米 100 克，皮蛋 1 个，瘦猪肉 30 克，枸杞、葱花各适量。

调味料：淀粉、盐各适量。

做法：

1. 将大米洗净后，放入水中浸泡 30 分钟后沥水倒入锅中，加入适量的开水，开始煮。

2. 瘦猪肉浸泡出血水后，再冲洗干净切成肉丝，放入适量的盐和淀粉拌均匀后腌渍 10 分钟；然后倒入另一口锅煮至颜色变浅。

3. 皮蛋剥皮，切成小块；枸杞洗净备用。

4. 米煮至软烂，放入肉丝、皮蛋、枸杞和盐，再煮 1 分钟，撒上葱花即可。

图 6–69　潮式海鲜砂锅粥

潮式海鲜砂锅粥

浓稠鲜美、温润可口

原料：大米 150 克，螃蟹 1 只，基围虾 200 克，姜、葱、香菜各适量。

调味料：盐、白胡椒粉、食用油各适量。

做法：

1. 大米洗净沥干水分，加入少许食用油和盐，浸泡半小时；将螃蟹清洗干净，切块；将虾仁剥出；姜洗净，切丝；葱切葱花；香菜切小段备用。

2. 砂锅内加入足量的清水烧开，倒入大米，大火煮开后转小火煮 45 分钟，其间不断搅动以防粘锅，熬至粥软烂、黏稠即可。

3. 加入处理好的蟹和姜丝煮 8 分钟，再放入虾仁煮熟后关火。

4. 加入盐、少许白胡椒粉调味，最后撒上葱花、香菜即可。

图 6-70　干炒牛河

干炒牛河

鲜香味美、配料丰富

原料： 牛肉 50 克，河粉 200 克，绿豆芽、韭黄、香葱、洋葱各适量。

调味料： 盐、生抽、老抽、蚝油、花生油各适量。

做法：

1. 牛肉切片，加生抽、蚝油抓匀，最后加花生油腌渍备用。

2. 河粉备好，绿豆芽、韭黄、洋葱、香葱洗净，韭黄、香葱切段，洋葱切丝。

3. 锅里加油烧热，下牛肉滑熟，捞起沥干油待用。

4. 将锅里的油倒干净，加热锅，将绿豆芽、洋葱一起入锅，下入河粉，再加入适量的盐、生抽、老抽拌匀，炒到绿豆芽稍微变软即可。

5. 将锅离火，加入牛肉、韭黄、葱段，调好味道后，将锅置回火上，快速炒匀即可。

图 6–71　桂林米粉

桂林米粉

洁白细嫩、软滑酸爽

原料：米粉 200 克，猪骨、酱牛肉、酱豆腐、卤蛋、酸豆角、炸花生米、姜片、葱各适量。

调味料：食盐、白糖、生抽、料酒、八角、沙姜、香叶、丁香、花椒、桂皮、草果、砂仁、小茴香各适量。

做法：

1. 猪骨洗净，剁成大块；酱豆腐、酱牛肉切片；葱洗净，切葱花；将八角、沙姜、香叶、丁香、花椒、桂皮、草果、砂仁、小茴香用纱布包好制成卤料包。

2. 锅中注入适量清水，放入猪骨以大火烧开，调入料酒，加入姜片，熬煮 1 小时后捞出姜片，放入卤料包续熬 30 分钟，调入食盐、白糖、生抽拌匀，做成汤料。

3. 将米粉放入沸水锅中煮熟后捞出，盛入碗中，加入适量汤料，放上酱豆腐、酱牛肉、卤蛋、酸豆角、炸花生米，撒上葱花即可。

图 6-72　清蒸陈村粉

清蒸陈村粉

米香浓郁、柔润爽滑

原料：陈村粉 250 克，酸姜丝适量。

调味料：生抽、香油、白胡椒粉、辣椒酱、醋各适量。

做法：

1. 将陈村粉切成小段，装盘浇上生抽，撒上胡椒粉。

2. 蒸锅内加入适量清水，放入备好的陈村粉，大火蒸 8 分钟，出锅，淋上香油即可。

3. 将辣椒酱、酸姜丝、生抽、醋做成味碟，与蒸好的陈村粉一起上桌即可。

图 6-73　家常炒米粉

家常炒米粉

干香柔韧、咸鲜适口

原料： 粉丝 100 克，猪五花肉 50 克，小白菜、胡萝卜、葱各适量。

调味料： 盐、味精、五香粉、生抽、辣椒油、食用油、香油各适量。

做法：

1. 粉丝用温水泡软，再沥干水分；小白菜洗净，去头；猪五花肉洗净，切小块；胡萝卜去皮，洗净，切丝；葱洗净，切段。

2. 烧锅下油，入五花肉煸炒至出油时，下入小白菜、胡萝卜丝稍炒，加入粉丝，注入少许清水翻炒均匀，调入盐、五香粉、生抽、辣椒油炒匀。

3. 放入葱段稍炒，以味精调味，淋入香油，起锅盛入盘中即可。

图 6–74　臊子面

臊　子　面

汤味酸辣、筋韧爽口

原料： 干面 250 克，豆腐干 100 克，胡萝卜 50 克，豇豆 50 克，蒜苗、大蒜各适量。

调味料： 盐、生抽、花椒、葱花、糖、五香粉、姜粉、胡椒粉、生抽、香醋、油泼辣子各适量。

做法：

1. 豇豆、胡萝卜、豆腐干均切小块；蒜苗洗净，切段；大蒜切末，备用。

2. 锅烧热，下油，丢几粒花椒炸香，取出花椒；放大蒜爆香，注意油不要太热，然后炒胡萝卜丁和豇豆丁，炒至断生。

3. 放豆腐干丁，添一碗清水，盖上锅盖大火煮沸，再中小火煮一会儿，加盐、糖、五香粉、姜粉、胡椒粉、生抽、香醋 2 匙调味拌匀，熬至浓稠时，放入蒜苗拌匀，盛出备用。

4. 锅中加入适量清水，烧开，加点盐，放入面条煮熟后过凉，盛碗，浇上臊子，淋上香醋和油泼辣子即可。

图 6–75　炸酱面

炸　酱　面

酱香浓郁、味道爽口

原料：手擀面 300 克，五花肉 150 克，胡萝卜 1 根，绿豆芽 30 克，黄瓜 1 根，葱花、姜末各适量。

调味料：黄酱 100 克，甜面酱 40 克，白糖、食用油各适量。

做法：

1. 五花肉洗净，切细丁；胡萝卜、黄瓜洗净，去皮，切丝；绿豆芽洗净，沥水；葱切葱花；黄酱和甜面酱混合均匀。

2. 油锅烧至五成热，将猪肉丁放入，中火煎至肥肉部分开始变黄，慢慢有油渗出，翻炒，至肥肉两面都变黄，肉质变得微微硬时捞出肉丁，油留锅底。

3. 加入葱花，姜末炒出香味，倒入调好的酱料，小火慢炸，不时轻轻搅拌翻炒。

4. 加入炒熟的肉丁，加清水没过肉丁的 1/2，待汤汁煮开后，加入白糖，转小火，用铲子沿着同一方向搅拌，以免糊底，煮至酱汁浓稠即可。

5. 另起一锅煮面，面煮熟后捞出放入碗中，并用面汤将胡萝卜丝和绿豆芽焯烫一下，将炸好的酱与面搅拌在一起，配上菜即可。

图 6–76　阳春面

阳　春　面

汤清味鲜、清淡爽口

原料： 鲜切面 250 克、猪肥肉 200 克、紫皮洋葱半个、青蒜苗 2 棵、高汤适量。

调味料： 生抽、盐各适量。

做法：

1. 洋葱洗净，切丝；猪肥肉洗净，切块；青蒜苗洗净，切末。

2. 锅中加入适量油，放入切好的肥肉，继续加热至肥肉变透明，逐渐变成金黄色。

3. 待肉块变小、变干，捞出油渣，倒出大部分油。

4. 剩余的油继续加热，入洋葱丝炸至葱丝变干捞出。

5. 向油锅中加入生抽和盐调味，再加入高汤煮开，盛入汤碗备用。

6. 另起锅煮面，面熟后捞出，沥干水分，放入汤碗中，撒上青蒜苗即可。

图 6-77 红烧牛腩面

红烧牛腩面

香浓可口、回味无穷

原料：手工面 250 克，牛腩 200 克，葱段、姜片、香菜叶、干红椒各适量。

调味料：盐、胡椒粉、老抽、白醋、料酒、八角、香叶各适量。

做法：

1. 牛腩洗净，放入加有料酒的沸水锅中汆水后捞出。

2. 油锅烧热，入干红椒、葱段、姜片爆香后捞出，倒入牛腩翻炒均匀，放入八角、香叶加水大火炖约 10 分钟，撇尽浮沫，改用中火续炖 50 分钟，捞除八角、香叶、干红椒，放入胡椒粉、老抽、白醋拌匀，待汤汁变浓稠时出锅。

3. 另取一锅置火上，注入适量清水烧开，下入面条煮至熟软时捞出，盛入碗中，倒入煮好的牛腩及汤，以香菜叶装饰即可。

厨房小窍门——原料处理需讲究

1. 蔬菜

一般人都知道，选购蔬菜要挑选新鲜且外观少刮伤或受损的较佳，却很少有人注意到，正确的清洗方法和保存方式。一般来说，清洗和保存蔬菜的步骤如下：

（1）冲洗：先用大量自来水冲洗蔬菜表面的泥沙、灰尘和汽油、烟味等。

（2）泡：用过滤水充分浸泡，中途要换水再续泡。

（3）滤干：将多余的水分滤干再进冰箱保存。

2. 新鲜肉块

用海盐与柠檬皮轻搓鲜肉，再用过滤水冲洗，可杀菌、去腥、增添清香。滤干水后，用纸巾吸干水再依量分装，或依需要处理成配菜的形状，如绞肉、肉丝、肉片。也可在购买当时就请肉贩帮你清洗干净，顺便切成你想要的形状，回家后，用封口塑料袋依每次的用量分装并摊平，再放入冰箱保鲜。

3. 菌菇类

由于菌菇类不需靠农药驱虫，故不用也不宜泡水过久。最好是用过滤水冲洗菌褶内的木屑或沙粒后，马上滤干水，再以干布或纸巾吸水，放在保鲜盒中进冰箱冷藏，这样可保存较久且不易变色。

4. 鸡蛋

在放鸡蛋的时候，要大头朝上，小头朝下，这样可使蛋黄上浮后贴在气室下面，既可防止微生物侵入蛋黄，也有利于保证蛋品质量。另外，鸡蛋不可和五香粉、葱、姜、辣椒等含挥发性物质的东西放在一起，其强烈气味会通过蛋壳上的气孔渗入鸡蛋中，加速鸡蛋变质。

5. 鸡肉

除非是全鸡食用，宜现买现宰并马上烹调较佳，其他情况，可买鸡腿肉（有些去骨，有些不用去骨），以柠檬皮加盐逆向搓洗表皮，用清水冲洗滤干，再用葱、姜、蒜、料酒腌渍（不用放盐巴）后，就可直接放入保鲜盒进冰箱冷藏。

第八节　点心类产品制作示例

图 6–78　奶香馒头

奶香馒头

洁白如玉、奶香味浓

原料： 面粉 500 克、牛奶 200 克、酵母 4 克。

调味料： 白糖 20 克。

做法：

1. 面粉加入白糖拌匀，将酵母溶于牛奶中，一边冲入面粉，一边用筷子拨散成面絮状，揉成光滑面团，加盖保鲜膜于温暖处，发酵至约 2 倍大。

2. 案板上撒干面粉，将面团反复揉搓排气，待把干面粉揉进面团，再加少量面粉用力揉搓，直至排净空气。切面时应没有明显气孔，手感光滑。

3. 将揉好的面团揉成长条，用刀切成约 3 厘米的馒头生胚，再将生胚放入蒸笼片上。

4. 蒸锅加冷水，将生坯放锅中，盖上锅盖，静置发酵 20 分钟，开大火，上汽后蒸 15 分钟关火，3 分钟揭盖即可。

图 6-79　南瓜馒头

南瓜馒头

色泽鲜明、香甜可口

原料： 面粉 250 克，南瓜 200 克，酵母 2 克。

调味料： 白糖适量。

做法：

1. 南瓜去皮，洗净，蒸熟，待凉用勺子碾压成泥，备用。

2. 面粉与白糖混合，酵母用少量温水融化，加入混合好的面粉中，再加入南瓜泥，揉成光面团，盖上保鲜膜放在温暖处发酵至 1.5 倍大。

3. 在案板上撒上干面粉，取出面团，充分揉压，将面团揉成条形，用刀分成若干个小面团，成馒头生坯。

4. 蒸锅中加冷水，将生坯放在铺垫好的锅中，盖上锅盖，醒发 15 分钟，直接开大火蒸制，上汽后继续蒸 15 分钟，关火后焖 3 分钟开锅即可。

图 6-80　家常葱油饼

家常葱油饼

葱香浓郁、咸鲜适口

原料： 面粉 300 克，葱花适量。

调味料： 食用油、盐、胡椒粉各适量。

做法：

1. 面粉加开水，揉成柔软的面团，醒面 20~30 分钟。

2. 醒好的面团揉至表面光滑，之后分成 4 等份。取其中一份，在面板上撒上干面粉，擀成大面饼，稍薄些，在面饼上撒上少许盐和胡椒粉，抹上油，并均匀撒上葱花。

3. 从面饼的一边卷起，卷成长条卷，将长条卷的两头捏紧，自一头开始卷，卷成圆盘状。

4. 然后将圆饼擀得稍薄些，动作要轻，避免葱花扎破面皮。

5. 平底锅放入少量油，烧热，将饼放入，转中火，边烙边用铲子旋转，烙成两面金黄，即可出锅，切成小块装盘即可。

图 6–81　三鲜饺子

三 鲜 饺 子

皮薄馅靓、清香可口

原料：自制饺子皮 250 克，猪肉碎 200 克，鲜虾 200 克，韭菜 150 克，葱、姜各适量。

调味料：盐、料酒、生抽、芝麻油各适量。

做法：

1. 韭菜去老叶，洗净、沥干备用。

2. 猪肉碎加盐、料酒、姜末、生抽，搅拌均匀。

3. 鲜虾去壳，去虾线，洗净切碎，与葱末一起加入肉馅中，搅拌均匀。

4. 将沥干的韭菜切碎，加入肉馅中，淋上芝麻油，轻轻拌匀，做成馅料。

5. 取一张面皮，在面皮中央放上适量的馅料，将上下两边皮对折粘起，再于接口处依序折上花纹让其更加粘紧，做成饺子。

6. 锅中注入适量清水烧开，下饺子，盖上锅盖煮至开锅后，再注入适量清水，盖上锅盖煮至烧开锅，如此反复三次，开盖再略煮片刻，捞出装盘即可。

图 6–82 家常馄饨

家 常 馄 饨

肉馅鲜嫩、营养美味

原料：面粉 400 克，鸡蛋 1 个，猪肉、紫菜、虾皮、香菜、葱花、高汤各适量。

调味料：盐、胡椒粉、生抽、香油各适量。

做法：

1. 虾皮泡发，洗净剁碎；猪肉洗净，剁成肉末，肉末中调入盐、胡椒粉、生抽、香油、虾皮碎拌匀，做成馅料。

2. 紫菜泡发洗净；虾皮洗净；鸡蛋磕入碗中搅散成蛋液，再入油锅中摊成蛋皮，凉后切丝；香菜洗净，切碎。

3. 面粉加水揉成面团，搓成长条，再切成小剂子，将小剂子按扁，用擀面杖擀成方形面皮。取一张面皮放上馅料，卷两卷，再将两头向中间折一下，捏合；倒置摆放整齐，即成馄饨生坯。

4. 锅中注入适量高汤烧开，下入馄饨，以大火煮约 5 分钟，待煮至馄饨浮起时，加入紫菜、蛋皮丝、虾皮稍煮，调入生抽拌匀，起锅盛入碗中，撒上葱花、香菜即可。

图 6-83 鲜肉包

鲜肉包

鲜香浓郁、松软弹牙

原料：面粉 400 克，猪肉 350 克，牛奶 60 克，葱、酵母、姜适量。

调味料：甜面酱、豆瓣酱、料酒、五香粉、老抽、食用油各适量。

做法：

1. 将酵母溶于牛奶中，一边冲入面粉，一边用筷子拨散成絮状，再揉成光滑面团，加盖保鲜膜，置于温暖处，发酵至约 2 倍大。

2. 将甜面酱、豆瓣酱、料酒、水混合均匀，如果酱料较干，可再加适量水调匀。

3. 猪肉洗净，切丁；葱洗净，切碎。油锅烧至六成热，倒入调好的酱料，小火慢炸，轻轻翻炒至酱和油混合均匀，加入老抽、五香粉，拌匀后关火。

4. 将猪肉丁和葱花 一起加入炒好的酱里，再加入姜末，朝一个方向搅匀，成馅料。

5. 取出面团，擀成中间略厚，边缘略薄的圆面皮，包入馅料，收褶，成包子。

6. 蒸锅内加足量水，将包子生坯码入铺垫好的笼屉内，加盖静置再次发酵，15 分钟后点火，水开上汽，中火蒸 20 分钟，关火，3 分钟后开盖即可。

图 6-84　葱油花卷

葱油花卷

层次分明、清香美味

原料： 面粉 400 克，南瓜泥 80 克，酵母 4 克，牛奶 120 克。

调味料： 白糖、食用油各适量。

做法：

1. 将面粉、酵母都分成两等份，将一份酵母溶于适量的水中，再与一份面粉、白糖混合，搓揉成光滑的白面团。再将另一份酵母、牛奶和南瓜泥混合均匀，倒入剩下的面粉中，揉成光滑的金色面团。将两份面团分别放入盆中，加盖保鲜膜放于温暖处发酵至 2 倍大。

2. 取发酵好的两个面团，分别撒入少许干面粉，排气揉匀。

3. 将金色面团擀成长约 40 厘米、宽约 30 厘米的方形面片，在表面均匀地刷上一层油，对折，再刷一层油，对折。将面片切成宽约 0.5 厘米的条状，并在切好的面条上刷层油以防粘连。

4. 将白色面团擀成长约 30 厘米、宽约 20 厘米的长方形面片，将南瓜面条展开铺在白面皮上，将白色面片对折，边缘捏紧，滚圆成圆柱体。

5. 轻搓面团使之粗细均匀，再均匀切成若干等份，放入铺垫好的蒸屉中，醒发 20 分钟，开大火蒸制 15 分钟，关火后 3 分钟再开盖即可。

图 6-85　蜜枣甜发糕

蜜枣甜发糕

松软迷人、香甜美味

原料：面粉 100 克，玉米面 50 克，酵母 3 克，蜜枣适量。

调味料：白糖适量。

做法：

1. 将蜜枣切碎备用。

2. 将面粉、玉米面、酵母、白糖放入盆中，拌匀，加入适量水，拌匀至无干粉疙瘩，放入蜜枣碎（留少许做装饰），搅拌成稠面糊状。

3. 容器里面抹一层油，将面糊倒入，加盖保鲜膜至温暖处，发酵至约 2 倍大。

4. 在面糊的表面撒上剩下的蜜枣碎，放入蒸锅，冷水上屉，大火上汽后中火蒸 30 分钟关火，闷 5 分钟。

5. 取出倒扣在面板上，不太烫手时脱模，切成小块即可。

图 6-86　韭菜盒子

韭 菜 盒 子

金黄脆嫩、韭香浓郁

原料： 面粉 400 克，韭菜 250 克，虾皮 80 克，鸡蛋 4 个。

调味料： 食用油、味精、盐、香油各适量。

做法：

1. 先将韭菜根部外皮剥掉，用清水冲洗干净，再将根部切去一小段不用，随后将韭菜切碎。

2. 中火加热锅中的油，待烧至六成热时将鸡蛋磕入，转中火慢慢炒至凝固，炒成鸡蛋碎。

3. 鸡蛋碎、韭菜段和虾皮放入盆中，再调入盐、味精、香油混合均匀，调制成馅料。

4. 把面粉放入盆中，再倒入清水，揉合成一个表面光滑的面团，然后盖上浸湿的屉布，醒面 30 分钟。

5. 将面团切成 10 份，分别团成小面团，再用擀面杖擀成圆面片，取一张圆面片，包入馅料，接着将面片对折，使其成半圆形，自边缘捏出花纹，依次包好全部盒子。

6. 平底锅烧热，加入食用油，将包好的盒子放入锅中，盖上锅盖，煎至两面酥黄即可。

厨房小窍门——原料处理需讲究

1. 鲜虾

处理鲜虾时，用盐加冰块、过滤水，以筷子（避免刺到手指）同一方向搅动，有助于去沙及吐脏水；并以剪刀除去脚须，再用牙签挑泥肠后滤干，放在保鲜盒冷藏更容易保存虾的鲜味与脆感。若当日马上要烹调鲜虾，处理干净后就不需放冰箱，直接用葱、姜、蒜、料酒腌渍后，放在有盖的不锈钢锅或容器内保鲜，不会出现黑水。

2. 鲜鱼

处理鲜鱼时，用刀子刮净鱼背、鱼鳍、鱼尾，并用水冲洗干净，滤干后就可放冰箱。若要马上食用，与虾的处理方式相同（海鲜类的保存最好选用保鲜盒，就不会有腥味或污染冰箱）。

3. 土豆

储存土豆最关键的是要控制温度。土豆必须放在背阴的地方，切忌放在塑料袋里保存，因为捂出的热气容易使土豆发芽、变质。不用塑料袋保存的土豆，即使发芽也长得特别慢。

4. 葱、姜、蒜

大蒜变空、大葱变干、姜长绿毛，一直是厨房中的难题。最佳对策是保存它们前，将锡纸剪成大小合适的尺寸，紧紧包裹住未清洗的葱、姜、蒜，这样至少能将其保质期延长至一个月以上。

葱可先切好，装保鲜盒后直接放入冰箱；蒜中所含大蒜素有杀菌功能，不易腐坏，所以建议整头存放。

附录

家庭餐宴会食谱

学习宴会食谱的知识，设计满足家庭膳食平衡要求的宴会食谱，能够针对不同人群、不同家庭、不同季节，设计、制定出既符合客人需要又能保证膳食平衡的宴会食谱。

家庭餐宴会食谱的设计要以客人的就餐标准为依据，以科学合理的营养配餐为主要目的，事先要了解参加宴会的人数及其性别、年龄、工作性质，根据客人的风俗习惯，再依据就餐标准制定宴会食谱。通过丰富的菜点品种、适宜的口味、合理的营养供给和多样化的烹饪技法，使客人满意。

同时，设计家庭餐宴席食谱，应考虑用餐的实际需求，如取料容易、经济实惠、营养搭配合理、形式富于变化、丰富家庭生活，实现在家即可享受美味佳肴的目的。

川菜家庭套餐菜式（1）

序号	属性	菜名	主要原料	制法	特色、口味
1	汤	羊肚菌炖家鸡	羊肚菌、光鸡	炖	味香、咸鲜
2	凉菜	蒜泥白肉	蒜头、猪肉	凉拌	咸、鲜
3	冷菜	手撕鸡	光鸡、芝麻	拌	咸、酸、辣
4	热菜	东坡肘子	猪肘子、青菜	卤	咸香
5	热菜	夫妻肺片	牛肉、牛舌、牛肚	卤、拌	咸鲜、麻辣
6	热菜	干锅牛蛙	牛蛙、泡椒	爆炒	香麻
7	热菜	避风塘炒蟹	花蟹、干辣椒	炒	香麻
8	热菜	清蒸江团鱼	江团鱼	蒸	咸、鲜、嫩
9	热菜	蒜蓉炒菜心	菜心	炒	咸鲜
10	主食	成都担担面	面条、猪肉	煮	咸、麻辣

川菜家庭套餐菜式（2）

序号	属性	菜名	主要原料	制法	特色、口味
1	汤	五指毛桃煲龙骨	五指毛桃、龙骨	煲	咸鲜
2	凉菜	红油肚丝	猪肚	凉拌	麻辣
3	热菜	宫保鸡丁	青瓜、花生米、鸡肉	炒	香辣
4	热菜	干煸四季豆	干辣椒、四季豆	煸	咸香、辣
5	热菜	回锅肉	五花肉、尖椒	爆炒	咸香、辣
6	热菜	鱼香肉丝	猪里脊肉、木耳、胡萝卜	炒	鱼香味
7	热菜	麻婆豆腐	豆腐、牛肉	烧	麻辣
8	热菜	酸菜鱼	酸菜、大头鱼	煮	酸麻
9	热菜	手撕包菜	干辣椒、包菜	炒	咸香、辣
10	主食	生煎包	面粉、猪肉、白菜	煎	咸鲜

鲁菜家庭套餐菜式（1）

序号	属性	菜名	主要原料	制法	特色、口味
1	汤	花旗参炖竹丝鸡	花旗参、竹丝鸡	炖	甘香、咸鲜
2	凉菜	五香牛展	牛腱肉	凉拌	微辣、咸鲜
3	热菜	香酥鸭	光鸭	炸	酥香
4	热菜	葱烧海参	大葱、海参	炆	浓香、咸鲜
5	热菜	一品豆腐	嫩豆腐、牛肉、鸡蛋	炸扒	咸鲜
6	热菜	油焖大虾	虾	焖	咸鲜
7	热菜	爆炒腰花	猪腰、木耳	爆	爽嫩、咸鲜
8	热菜	糖醋鲤鱼	鲤鱼	炸	酸甜
9	热菜	上汤娃娃菜	娃娃菜	浸	咸鲜
10	主食	鸡蛋番茄烩面	鸡蛋、番茄、面条	烩	咸酸

鲁菜家庭套餐菜式（2）

序号	属性	菜名	主要原料	制法	特色、口味
1	汤	花生莲藕煲龙骨	花生、莲藕、龙骨	煲	浓香、咸鲜
2	凉菜	凉拌胡萝卜	胡萝卜	凉拌	咸鲜
3	热菜	山东烧鸡	光鸡	炸	咸鲜
4	热菜	九转大肠	猪大肠	烧	咸鲜
5	热菜	四喜丸子	猪肉、马蹄	炸	咸鲜
6	热菜	油爆双脆	猪肚、鸡胗	爆	咸香
7	热菜	XO 酱西芹炒花枝片	西芹、墨鱼	炒	咸鲜
8	热菜	红烧黄花鱼	黄花鱼	烧	咸鲜
9	热菜	醋熘大白菜	大白菜	熘	酸辣
10	主食	油泼面	辣椒面、面条	煮	辣鲜

粤菜家庭套餐菜式（1）

序号	属性	菜名	主要原料	制法	特色、口味
1	汤	松茸菌炖辽参	松茸菌、辽参	炖	鲜美
2	凉菜	青瓜拌海蜇头	青瓜、海蜇头	凉拌	酸甜
3	冷菜	白切鸡	光鸡	浸	咸鲜、滑嫩
4	热菜	椒盐九节虾	虾	炸	脆、鲜香
5	热菜	白果猪肚煲	白果、猪肚	煲	咸鲜
6	热菜	松子炒玉米	松子、玉米粒	炒	咸鲜
7	热菜	蒜香骨	排骨	炸	鲜香
8	热菜	清蒸东升斑鱼	东升斑鱼	蒸	鲜、滑嫩
9	热菜	盐水菜心	菜心	浸	咸鲜
10	主食	海味炒饭	海鲜、米饭	炒	鲜香

粤菜家庭套餐菜式（2）

序号	属性	菜名	主要原料	制法	特色、口味
1	汤	胡萝卜玉米煲龙骨	胡萝卜、玉米、龙骨	煲	鲜、甜
2	凉菜	凉拌木耳	香菜、木耳	凉拌	爽口、酸咸
3	热菜	水晶鸡	光鸡	蒸	鲜、嫩、咸香
4	热菜	白灼虾	虾	白灼	咸鲜
5	冷菜	沙姜猪手	猪手	捞	爽口、咸鲜
6	热菜	淮山芡实百合煲	淮山、芡实、百合	煲	清淡、鲜美
7	热菜	沙茶牛肉	牛肉	炒	咸香、鲜嫩
8	热菜	香煎鲍鱼	鲍鱼	煎	咸鲜
9	热菜	上汤浸时蔬	青菜	浸	清淡、鲜嫩
10	点心	燕麦包	燕麦、面粉	蒸	香甜

淮扬菜家庭套餐菜式（1）

序号	属性	菜名	主要原料	制法	特色、口味
1	汤	川贝海底椰炖老鸽	川贝、海底椰、老鸽	炖	清香、鲜美
2	凉菜	洋葱丝拌木耳	洋葱、木耳	凉拌	爽口、酸咸
3	热菜	三套鸭	光鸭	蒸	浓香、咸鲜
4	热菜	红烧狮子头	五花肉	炆	浓香、咸鲜
5	热菜	碧绿白虾仁	虾仁	炒	咸鲜
6	热菜	煎雪花牛肉	雪花牛肉	煎	咸香
7	热菜	清炒水芹	水芹	炒	咸鲜
8	热菜	软兜长鱼	鳝鱼	炒	浓香、嫩滑
9	热菜	冬菇扒菜胆	生菜	扒	咸鲜
10	主食	阳春面	面条	煮	咸香

淮扬菜家庭套餐菜式（2）

序号	属性	菜名	主要原料	制法	特色、口味
1	汤	粉葛赤小豆煲龙骨	赤小豆、粉葛、龙骨	煲	浓香、鲜美
2	凉菜	凉拌莲藕片	莲藕	凉拌	爽脆、咸香
3	热菜	八宝醉鸭	光鸭	蒸	咸香
4	热菜	东坡肉	五花肉	焗	肥而不腻、咸香
5	热菜	西芹百合炒腰果	西芹、百合、腰果	炒	清淡、咸鲜
6	热菜	大煮干丝	豆腐皮、鸡脯丝	煮	咸鲜
7	热菜	茶香虾	虾	炸	脆香
8	热菜	松鼠鳜鱼	鳜鱼	炸	酸甜
9	热菜	蒜蓉炒莜麦菜	莜麦菜	炒	咸鲜
10	主食	扬州炒饭	火腿、青豆、米饭、虾仁	炒	咸鲜